Biochemie Band 1

Energiestoffwechsel

Autor: Isabel Eggemann

Herausgeber:
MEDI-LEARN
Bahnhofstraße 26b, 35037 Marburg/Lahn

Herstellung:
MEDI-LEARN Kiel
Olbrichtweg 11, 24145 Kiel
Tel: 04 31/780 25-0, Fax: 04 31/780 25-27
E-Mail: redaktion@medi-learn.de, www.medi-learn.de

Verlagsredaktion: Dr. Waltraud Haberberger, Jens Plasger, Christian Weier, Tobias Happ
Fachlicher Beirat: Timo Brandenburger
Lektorat: Thomas Brockfeld, Jan-Peter-Wulf
Grafiker: Irina Kart, Dr. Günter Körtner, Alexander Dospil, Christine Marx
Layout und Satz: Kjell Wierig
Illustration: Daniel Lüdeling, Rippenspreizer.com
Druck: Druckerei Wenzel, Marburg

1. Auflage 2007

ISBN-10: 3-938802-18-9
ISBN-13: 978-3-938802-18-2

© 2007 MEDI-LEARN Verlag, Marburg

Das vorliegende Werk ist in all seinen Teilen urheberrechtlich geschützt. Alle Rechte sind vorbehalten, insbesondere das Recht der Übersetzung, des Vortrags, der Reproduktion, der Vervielfältigung auf fotomechanischen oder anderen Wegen und Speicherung in elektronischen Medien.
Ungeachtet der Sorgfalt, die auf die Erstellung von Texten und Abbildungen verwendet wurde, können weder Verlag noch Autor oder Herausgeber für mögliche Fehler und deren Folgen eine juristische Verantwortung oder irgendeine Haftung übernehmen.

Wichtiger Hinweis für alle Leser

Die Medizin ist als Naturwissenschaft ständigen Veränderungen und Neuerungen unterworfen. Sowohl die Forschung als auch klinische Erfahrungen führen dazu, dass der Wissensstand ständig erweitert wird. Dies gilt insbesondere für medikamentöse Therapie und andere Behandlungen. Alle Dosierungen oder Angaben in diesem Buch unterliegen diesen Veränderungen.
Obwohl das MEDI-LEARN-Team größte Sorgfalt in Bezug auf die Angabe von Dosierungen oder Applikationen hat walten lassen, kann es hierfür keine Gewähr übernehmen. Jeder Leser ist angehalten, durch genaue Lektüre der Beipackzettel oder Rücksprache mit einem Spezialisten zu überprüfen, ob die Dosierung oder die Applikationsdauer oder -menge zutrifft. **Jede Dosierung oder Applikation erfolgt auf eigene Gefahr des Benutzers**. Sollten Fehler auffallen, bitten wir dringend darum, uns darüber in Kenntnis zu setzen.

Vorwort

Liebe Leserinnen und Leser,

da ihr euch entschlossen habt, den steinigen Weg zum Medicus zu beschreiten, müsst ihr euch früher oder später sowohl gedanklich als auch praktisch mit den wirklich üblen Begleiterscheinungen dieses ansonsten spannenden Studiums auseinander setzen, z.B. dem Physikum.

Mit einer Durchfallquote von ca. 25% ist das Physikum die unangefochtene Nummer eins in der Hitliste der zahlreichen Selektionsmechanismen.

Grund genug für uns, euch durch die vorliegende Skriptenreihe mit insgesamt 31 Bänden fachlich und lernstrategisch unter die Arme zu greifen. Die 30 Fachbände beschäftigen sich mit den Fächern Physik, Physiologie, Chemie, Biochemie, Biologie, Histologie, Anatomie und Psychologie/Soziologie. Ein gesonderter Band der MEDI-LEARN Skriptenreihe widmet sich ausführlich den Themen Lernstrategien, MC-Techniken und Prüfungsrhetorik.

Aus unserer langjährigen Arbeit im Bereich professioneller Prüfungsvorbereitung sind uns die Probleme der Studenten im Vorfeld des Physikums bestens bekannt. Angesichts des enormen Lernstoffs ist klar, dass nicht 100% jedes Prüfungsfachs gelernt werden können. Weit weniger klar ist dagegen, wie eine Minimierung der Faktenflut bei gleichzeitiger Maximierung der Bestehenschancen zu bewerkstelligen ist.

Mit der MEDI-LEARN Skriptenreihe zur Vorbereitung auf das Physikum haben wir dieses Problem für euch gelöst. Unsere Autoren haben durch die Analyse der bisherigen Examina den examensrelevanten Stoff für jedes Prüfungsfach herausgefiltert. Auf diese Weise sind Skripte entstanden, die eine kurze und prägnante Darstellung des Prüfungsstoffs liefern.

Um auch den mündlichen Teil der Physikumsprüfung nicht aus dem Auge zu verlieren, wurden die Bände jeweils um Themen ergänzt, die für die mündliche Prüfung von Bedeutung sind.

Zusammenfassend können wir feststellen, dass die Kenntnis der in den Bänden gesammelten Fachinformationen genügt, um das Examen gut zu bestehen.

Grundsätzlich empfehlen wir, die Examensvorbereitung in drei Phasen zu gliedern. Dies setzt voraus, dass man mit der Vorbereitung schon zu Semesterbeginn (z.B. im April für das August-Examen bzw. im Oktober für das März-Examen) startet. Wenn nur die Semesterferien für die Examensvorbereitung zur Verfügung stehen, sollte direkt wie unten beschrieben mit Phase 2 begonnen werden.

- **Phase 1:** Die erste Phase der Examensvorbereitung ist der **Erarbeitung des Lernstoffs** gewidmet. Wer zu Semesterbeginn anfängt zu lernen, hat bis zur schriftlichen Prüfung je **drei Tage für die Erarbeitung jedes Skriptes** zur Verfügung. Möglicherweise werden einzelne Skripte in weniger Zeit zu bewältigen sein, dafür bleibt dann mehr Zeit für andere Themen oder Fächer. Während der Erarbeitungsphase ist es sinnvoll, einzelne Sachverhalte durch die punktuelle Lektüre eines Lehrbuchs zu ergänzen. Allerdings sollte sich diese punktuelle Lektüre an den in den Skripten dargestellten Themen orientieren!
  Zur **Festigung des Gelernten** empfehlen wir, bereits in dieser ersten Lernphase **themenweise zu kreuzen**. Während der Arbeit mit dem Skript Biochemie sollen z.B. beim Thema „Citratcyclus" auch schon Prüfungsfragen zu diesem Thema bearbeitet werden. Als Fragensammlung empfehlen wir in dieser Phase die „Schwarzen Reihen". Die jüngsten drei Examina sollten dabei jedoch ausgelassen und für den Endspurt (= Phase 3) aufgehoben werden.

- **Phase 2:** Die zweite Phase setzt mit Beginn der Semesterferien ein. Zur **Festigung und Vertiefung des Gelernten** empfehlen wir, **täglich ein Skript zu wiederholen und parallel examensweise das betreffende Fach zu kreuzen**. Während der Bearbeitung der Biochemie (hierfür sind sieben bis acht Tage vorgesehen) empfehlen wir, pro Tag jeweils ALLE Biochemiefragen eines Altexamens zu kreuzen. Bitte hebt euch auch hier die drei aktuellsten Examina für Phase 3 auf.
  Durch dieses Verfahren wird der Lernzuwachs von Tag zu Tag deutlicher erkennbar. Natürlich wird man zu Beginn der Arbeit im Fach Biochemie durch die tägliche Bearbeitung eines kompletten Examens mit Themen konfrontiert, die möglicherweise erst in den kommenden Tagen wiederholt werden. Dennoch ist diese Vorgehensweise sinnvoll, da die Vorab-Beschäftigung mit noch zu wiederholenden Themen deren Verarbeitungstiefe fördert.

www.medi-learn.de

- **Phase 3**: In der dritten und letzten Lernphase sollten **die aktuellsten drei Examina tageweise gekreuzt** werden. Praktisch bedeutet dies, dass im tageweisen Wechsel Tag 1 und Tag 2 der aktuellsten Examina bearbeitet werden sollen. Im Bedarfsfall können einzelne Prüfungsinhalte in den Skripten nachgeschlagen werden.

- Als **Vorbereitung auf die mündliche Prüfung** können die in den Skripten enthaltenen „Basics fürs Mündliche" wiederholt werden.

Wir wünschen allen Leserinnen und Lesern eine erfolgreiche Prüfungsvorbereitung und viel Glück für das bevorstehende Examen!

Euer MEDI-LEARN-Team

Online-Service zur Skriptenreihe

Die mehrbändige MEDI-LEARN Skriptenreihe zum Physikum ist eine wertvolle fachliche und lernstrategische Hilfestellung, um die berüchtigte erste Prüfungshürde im Medizinstudium sicher zu nehmen.
Um die Arbeit mit den Skripten noch angenehmer zu gestalten, bietet ein spezieller Online-Bereich auf den MEDI-LEARN Webseiten ab sofort einen erweiterten Service. Welche erweiterten Funktionen ihr dort findet und wie ihr damit zusätzlichen Nutzen aus den Skripten ziehen könnt, möchten wir euch im Folgenden kurz erläutern.

Volltext-Suche über alle Skripte
Sämtliche Bände der Skriptenreihe sind in eine Volltext-Suche integriert und bequem online recherchierbar. Ganz gleich, ob ihr fächerübergreifende Themen noch einmal Revue passieren lassen oder einzelne Themen punktgenau nachschlagen möchtet: Mit der Volltext-Suche bieten wir euch ein Tool mit hohem Funktionsumfang, das Recherche und Rekapitulation wesentlich erleichtert.

Digitales Bildarchiv
Sämtliche Abbildungen der Skriptenreihe stehen euch auch als hochauflösende Grafiken zum kostenlosen Download zur Verfügung. Das Bildmaterial liegt in höchster Qualität zum großformatigen Ausdruck bereit. So könnt ihr die Abbildungen zusätzlich beschriften, farblich markieren oder mit Anmerkungen versehen. Ebenso wie der Volltext sind auch die Abbildungen über die Suchfunktion recherchierbar.

Ergänzungen aus den aktuellen Examina
Die Bände der Skriptenreihe werden in regelmäßigen Abständen von den Autoren online aktualisiert. Die Einarbeitung von Fakten und Informationen aus den aktuellen Fragen sorgt dafür, dass die Skriptenreihe immer auf dem neuesten Stand bleibt. Auf diese Weise könnt ihr eure Lernarbeit stets an den aktuellsten Erkenntnissen und Fragentendenzen orientieren.

Errata-Liste
Sollte uns trotz eines mehrstufigen Systems zur Sicherung der inhaltlichen Qualität unserer Skripte ein Fehler unterlaufen sein, wird dieser unmittelbar nach seinem Bekanntwerden im Internet veröffentlicht. Auf diese Weise ist sicher gestellt, dass unsere Skripte nur fachlich korrekte Aussagen enthalten, auf die ihr in der Prüfung verlässlich Bezug nehmen könnt.

Den Onlinebereich zur Skriptenreihe findet ihr unter www.medi-learn.de/skripte

1 Überblick und Grundlagen — 1

1.1 Was sind Redoxreaktionen? — 2
1.1.1 Oxidation — 2
1.1.2 Reduktion — 2
1.1.3 Redoxreaktion — 2
1.1.4 Reduktionsäquivalent — 2
1.1.5 Redoxpotential — 3

1.2 Ein kurzer Ausflug in die Energetik — 3

1.3 Systematisierung der Coenzyme — 4
1.3.1 Unterteilung der Coenzyme nach Enzymbeziehung — 4
1.3.2 Unterteilung der Coenzyme nach Art der übertragenen Gruppen — 5

1.4 Ein paar Geheimnisse aus dem mitochondrialen Leben — 14
1.4.1 Stoffwechselwege im Mitochondrium — 14
1.4.2 Transportsysteme — 15

2 Pyruvatdehydrogenasereaktion (= PDH) — 21

2.1 Ablauf der Pyruvatdehydrogenasereaktion — 21
2.1.1 PDH-Reaktion Teil 1: Decarboxylierung — 21
2.1.2 PDH-Reaktion Teil 2: CoA-Anhängung — 22
2.1.3 PDH-Reaktion Teil 3: Regeneration der Coenzyme — 22
2.1.4 Gesamtablauf der PDH-Reaktion — 23

2.2 Regulation — 24

3 Citratcyclus — 26

3.1 Der Ablauf oder was passiert hier eigentlich? — 26
3.1.1 Teil 1 des Citratcyclus: Acetyl-CoA-Abbau — 27
3.1.2 Teil 2 des Citratcyclus: Oxalacetat-Regeneration — 30
3.1.3 Citratcyclus gesamt — 32

3.2 Die Energiebilanz oder was springt bei dem ganzen Zirkus raus? — 33

3.3 Citratcyclus Regulation — 33

3.4 Anabole Aufgaben, denn der Citratcyclus kann noch mehr — 33

3.5 Anaplerotische Reaktionen = Nahrung für den Citratcyclus — 34

4 Atmungskette, oder warum atmen wir eigentlich? — 36

- 4.1 Was passiert in der Atmungskette? — 37
- 4.2 Aufbau der Atmungskette — 38
  - 4.2.1 Herkunft der reduzierten Coenzyme (= Wassereimer) — 38
  - 4.2.2 Komplexe I-IV (= Wasserräder) — 38
  - 4.2.3 Überträgermoleküle (= Container) — 42
  - 4.2.4 Komplex V – die ATP-Synthase (= Turbine) — 42
- 4.3 Der Weg durch die Atmungskette — 43
- 4.4 Die Atmungskette Schwerpunkt Redoxreihe — 44
- 4.5 Energiebilanz der Atmungskette — 44
- 4.6 Regulation der Atmungskette — 44
- 4.7 Beeinflussung der Atmungskette — 47
  - 4.7.1 Hemmung der Atmungskette — 47
  - 4.7.2 Entkoppler der Atmungskette — 48
  - 4.7.3 Zusammenfassung der Blockierer der Atmungskette — 50

5 Muskel — 52

- 5.1 Muskelstoffwechsel — 52
  - 5.1.1 Energiestoffwechsel — 52
  - 5.1.2 Cori-Zyklus — 55
  - 5.1.3 Alanin-Zyklus — 56
- 5.2 Spezielle Aspekte des Muskelaufbaus — 57
  - 5.2.1 Aufbau des Myoglobins — 57
  - 5.2.2 Muskelfasertypen — 58

Index — 62

Diese und über 600 weitere Cartoons
gibt es in unseren Galerien unter:

www.Rippenspreizer.com

Biologische Oxidation = Zusammenfluss/Endstrecke der Energieverwertung

Einleitungen – wer liest schon Einleitungen? Ich habe Einleitungen eigentlich immer gelesen. Nicht, dass sie mich sonderlich interessiert hätten und ich hinterher wesentlich motivierter und gespannter gelesen hätte, bei mir ging es wohl vielmehr darum, weitere fünf Minuten „rauszuschlagen", bevor ich mich dann doch unausweichlich dem meist sehr trockenen Stoff aussetzen musste.

Wo wir dann auch schon beim Thema wären: Ich könnte jetzt schreiben, dass das Thema „Biologische Oxidation" die Krönung der Biochemie und unabdingbar für ihr tieferes Verständnis ist, wie es wahrscheinlich in den großen Lehrbüchern steht. Oder etwa, dass das Thema trocken und kompliziert ist, aber im Physikum von den Profs gefragt wird und es deswegen wichtig ist. Die Wahrheit liegt wohl irgendwo dazwischen. Das vorliegende Kapitel der Biochemie ist nicht einfach, aber es führt die drei großen Stoffwechselabbauwege zusammen. Daher bringt hier vergleichsweise wenig Lernarbeit wirklich „ernsthafte Erkenntnis" und damit verbunden auch wichtige Physikumspunkte mit sich.

So, und jetzt hoffe ich, dass ihr, wenn schon nicht motivierter, dann doch wenigstens mit einem Lächeln auf den Lippen anfangt zu lesen.

1 Überblick und Grundlagen

Die vorliegende Grafik ist als Orientierungskarte gedacht. Sie soll einen Überblick darüber geben, wie die drei großen Nährstoffklassen auf ihren einzelnen Pfaden zerlegt werden, um dann hinterher in einen gemeinsamen Abbauweg zu münden.

Die im vorliegenden Skript besprochenen Kapitel (= Pyruvatdehydrogenasereaktion ab S. 21, Citratcyclus ab S. 26, Atmungskette ab S. 36) sind hier in einen großen Zusammenhang eingeordnet, so dass es hilfreich ist, jeweils vor Bearbeitung eines dieser Kapitel einen Blick auf diese Grafik zu werfen, und sich kurz klarzumachen, mit welchem Abbauweg man sich beschäftigt, woher dieser Abbauweg kommt und wohin er führt.

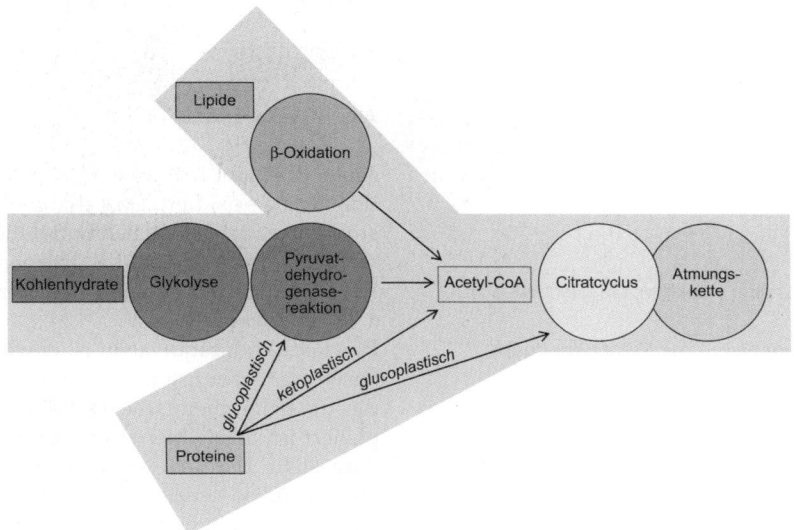

Abb. 1: Übersicht biologische Oxidation

2 | Überblick und Grundlagen

Bevor man nun in die tiefen Geheimnisse der Biochemie einsteigt, kommen erst ein paar Grundlagen. Bitte nicht einfach überspringen; es sind zwar einige zusätzliche Seiten, die aber wichtig sind für das Verständnis der weiteren Kapitel und im Physikum auch schon mal gerne gefragt werden. Im Einzelnen geht es in diesem Kapitel um:
- die Frage: „Was sind Redoxreaktionen?"
- einen kurzen Ausflug in die Energetik.
- eine Systematisierung der Coenzyme.
- ein paar Geheimnisse aus dem mitochondrialen Leben.

1.1 Was sind Redoxreaktionen?

Hinter dem seit dem ersten Semester wohlbekannten und doch irgendwie Unwohl erzeugenden Begriff steckt nichts Besonderes. Er hat nur leider die Eigenschaft, dass man es sich oft nicht merken kann, in welche Richtung was abgegeben oder aufgenommen wird, wie das in der Medizin und insbesondere vor dem Physikum wohl so oft der Fall ist. Hier zur Auffrischung also noch mal das Wichtigste in Kurzform:

1.1.1 Oxidation

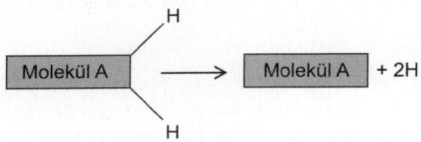

Abb. 2: Oxidation

Das Molekül A gibt bei der Reaktion zwei Wasserstoffatome ab = es wird dehydriert und damit oxidiert.

MERKE:
Die Oxidation ist eine Reaktion, die gleichzusetzen ist mit:
- Elektronenabgabe (oft mit Protonenabgabe gekoppelt)
- Dehydrierung (= H_2-Abgabe)
- Sauerstoffaufnahme

1.1.2 Reduktion

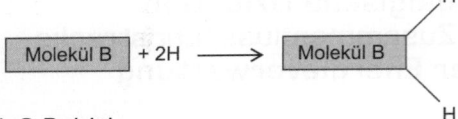

Abb. 3: Reduktion

Das Molekül B nimmt bei der Reaktion zwei Wasserstoffatome auf = es wird hydriert und damit reduziert.

MERKE:
Die Reduktion ist eine Reaktion, die gleichzusetzen ist mit:
- Elektronenaufnahme (oft mit Protonenaufnahme gekoppelt)
- Hydrierung (= H_2-Aufnahme)
- Sauerstoffabgabe

1.1.3 Redoxreaktion

Nun liegt es in der Natur der Sache, dass das Eine nie ohne das Andere stattfindet. Im Klartext heißt das: Oxidation und Reduktion sind immer miteinander gekoppelt, was man daher auch Redoxreaktion nennt.

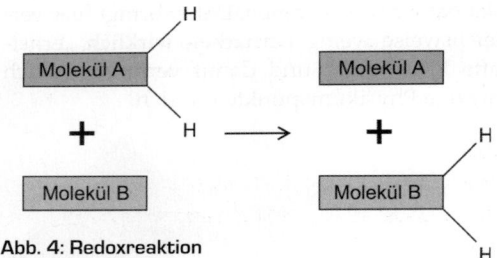

Abb. 4: Redoxreaktion

Molekül A gibt hier zwei H ab und wird daher dehydriert = oxidiert. Da sich diese zwei Wasserstoffatome nicht einfach in Luft auflösen können, werden sie von Molekül B übernommen: Molekül B wird dadurch hydriert = reduziert.

1.1.4 Reduktionsäquivalent

Das Reduktionsäquivalent ist ein Begriff, der oft verwendet, aber fast nirgendwo erklärt wird. Da die offizielle chemische Definition recht kompliziert ist, ist sie hier etwas vereinfacht dargestellt. Dadurch ist sie zwar nicht mehr ganz so präzise, für die Physikumsfragen aber trotzdem ausreichend:
Im Schriftlichen wird der Begriff Re-

duktions-äquivalent als Synonym für die Anzahl der übertragenen Elektronen verwendet. Dabei gilt:

Merke:
Ein Reduktionsäquivalent bezeichnet 1 Mol Elektronen, die bei Redoxreaktionen entweder direkt oder zusammen mit 1 Mol Protonen in Form von Wasserstoff (= z.B. NADH) übertragen werden.

Und jetzt noch mal konkret: In unserem Beispiel (s. Abb. 4, S. 2) werden die Elektronen zusammen mit H^+Ionen als H-Atome übertragen. Es werden insgesamt 2 H-Atome ausgetauscht. Das entspricht zwei Reduktionsäquivalenten.

1.1.5 Redoxpotential
Der Begriff des Redoxpotentials ist schon eine etwas härtere Nuss. Wenn man sich aber noch mal an unser Beispiel von eben erinnert (s. Abb. 4, S. 2), sieht man, dass das Molekül B dem Molekül A seine zwei H-Atome abgenommen hat. Das Molekül B verfügt offensichtlich über mehr Kraft diese Wasserstoffatome an sich zu binden als das Molekül A. Diesen Kräfteunterschied gibt es zwischen allen Molekülen und so kann man quasi eine Art Rangliste erstellen: Wer mehr Kraft hat, bekommt auch eine positivere Zahl zugeordnet. Das ist dann auch schon das Prinzip des Redoxpotentials.

Merke:
- Das Redoxpotential ist ein Maß für die Stärke der Anziehungskraft eines Stoffes auf Elektronen/H-Atome.
- Je positiver das Redoxpotential eines Stoffes ist, desto größer ist seine Anziehungskraft auf Elektronen/H-Atome.
- Es geht um die Frage: „Wer ist der bessere Elektronenjäger, hat also mehr Kraft als die Anderen?"

Ordnet man nun also die Substanzen danach, wie stark sie H-Atome anziehen und schreibt diese Rangliste umgekehrt auf (also die besten Jäger nach unten, die schlechten nach oben), erhält man die **Spannungsreihe**.

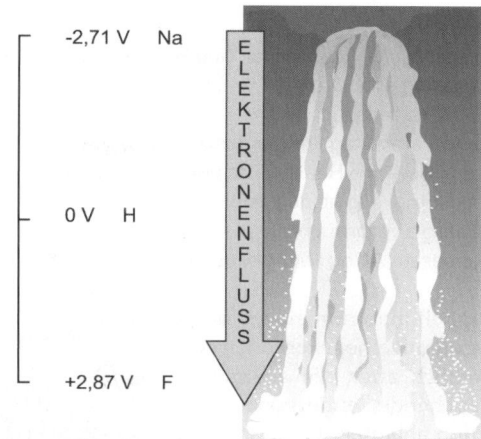

Abb. 5: Auszug aus der Spannungsreihe

Natrium
- hat ein sehr negatives Redoxpotential.
- hat daher keine hohe Anziehungskraft auf Elektronen und gibt sie eher ab.
- steht ganz oben in der Spannungsreihe.

Fluor
- hat ein sehr positives Redoxpotential.
- übt eine hohe Anziehungskraft auf Elektronen aus und nimmt sie daher eher auf.
- steht ganz unten in der Spannungsreihe.

Übrigens...
Der Elektronenfluss entlang der Spannungsreihe lässt sich gut mit einem Wasserfall vergleichen: Die Elektronen fließen in der Spannungsreihe bei Redoxreaktionen von den oben stehenden Elementen zu den unten stehenden, genau so wie das Wasser im Wasserfall von oben nach unten fließt.

1.2 Ein kurzer Ausflug in die Energetik
In der Chemie und der Biochemie gibt es zwei, unter energetischem Aspekt verschiedene Reaktionstypen:
- Reaktionen, die Energie freisetzen und
- Reaktionen, die Energie verbrauchen.

Man kann das sehr gut mit unserem Alltag vergleichen. Auch hier gibt es Sachen, die einem Spaß machen = Energie zuführen und Sachen für die man arbeiten muss = die Energie verbrauchen.
Im (Bio-)Chemiejargon gibt es dafür die Begriffe exergon und endergon.

4 | Überblick und Grundlagen

MERKE:
Eine exergone Reaktion ist eine Reaktion, die
- freiwillig abläuft und
- Energie freisetzt.

In unserem Alltag könnte das z.B. Eisessen sein.
Eine endergone Reaktion ist eine Reaktion, die
- nicht freiwillig abläuft und
- Energie verbraucht.

In unserem Alltag könnte das z.B. Lernen sein.

Koppelt man nun eine endergone Reaktion mit einer exergonen, kann plötzlich auch die energieverbrauchende, endergone Reaktion ablaufen. Wenn man also beim Lernen ein Eis isst, wird das Ganze erträglicher.

Oder mit einem eher medizinischen Vergleich verdeutlicht: Ein Muskel wird sich nicht freiwillig kontrahieren (= endergone Teilreaktion). Koppelt man aber die Muskelkontraktion mit der Spaltung von ATP (= exergone Teilreaktion), so führt das dazu, dass sich der Muskel kontrahiert (= exergone Gesamtreaktion).

1.3 Systematisierung der Coenzyme

Was sind eigentlich Coenzyme? Coenzyme sind so etwas, wie die kleinen, aber doch sehr wichtigen Helfer des Alltags, die für einen reibungslosen Ablauf in der Vielzahl der Stoffwechselkreisläufe (und anderen Bereichen) sorgen.

MERKE:
Coenzyme sind Hilfsmoleküle, die
- die in einer Reaktion vom Enzym übertragenen Gruppen vorübergehend aufnehmen und dann wieder abgeben.
- damit eine Transportfunktion ausüben, die zur Regulation von Stoffwechselkreisläufen genutzt wird.

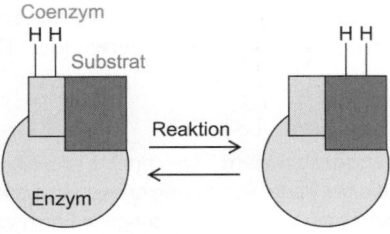

Das Enzym ist mit Substrat und Coenzym beladen. Die zu übertragende Gruppe (z.B. 2H) ist dabei an das Coenzym gebunden. Bei der Reaktion werden die Gruppen vom Coenzym an das Substrat abgegeben.

Abb. 6: Funktionsweise von Coenzymen

Man kann die Coenzyme auf zwei Arten weiter unterteilen:
1. Nach der Art, wie sie in Beziehung zu ihrem Enzym stehen.
2. Nach der Art, was sie transportieren = welche Gruppen von ihnen übertragen werden.

1.3.1 Unterteilung der Coenzyme nach Enzymbeziehung

Dieser Abschnitt geht auf die Frage ein, wie sich Coenzyme gegenüber den Enzymen verhalten, von denen sie verwendet werden. Dabei unterscheidet man
- lösliche Coenzyme (= Cosubstrate) und
- prosthetische Gruppen (= fest ans Enzym gebundene Coenzyme).

Lösliche Coenzyme

Lösliche Coenzyme verhalten sich fast genauso wie die Substrate. Sie werden
- während der Reaktion wie Substrate gebunden,
- wie diese chemisch verändert und
- in veränderter Form wieder freigesetzt.

Im Gegensatz zu den Substraten werden die Coenzyme jedoch anschließend in einer zweiten, unabhängigen Reaktion regeneriert und stehen für einen erneuten Reaktionsdurchlauf zur Verfügung. Die Regeneration kann durch das Enzym der Hinreaktion katalysiert werden oder durch ein anderes Enzym.

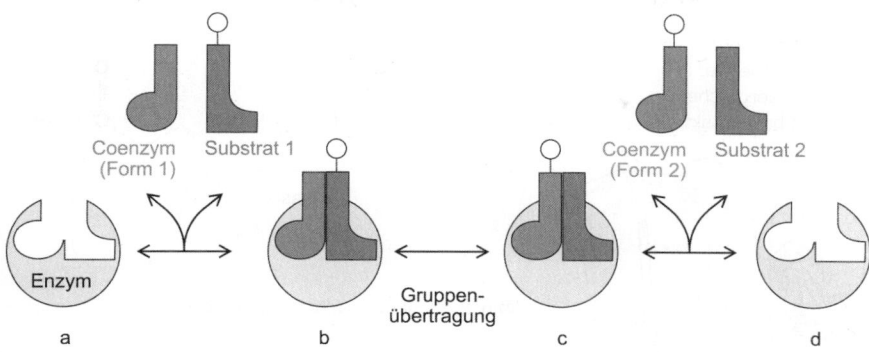

Abb. 7: lösliche Coenzyme

Prosthetische Gruppen

Im Gegensatz zu den löslichen Coenzymen sind die prosthetischen Gruppen immer fest an ein Enzym gebunden (= sie verbleiben vor, während und nach der Reaktion am Enzym) und müssen auch dort wieder regeneriert werden.

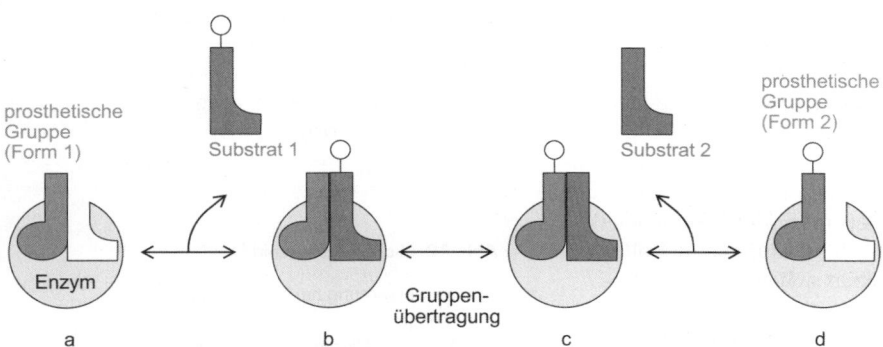

Abb. 8: prosthetische Gruppen

1.3.2 Unterteilung der Coenzyme nach Art der übertragenen Gruppen

Grundlage für diese zweite Art der Einteilung ist die Tatsache, dass ein Coenzym immer die gleiche Gruppe transportiert (= z.B. immer H_2, immer CH_3, immer ein Elektron...). Dahingehend sind unsere kleinen Helfer also sehr unflexibel. Das ist aber auch gut so, da sie dadurch auf ihr Transportgut optimal eingestellt sind.

Dieser Abschnitt behandelt die beiden prüfungsrelevanten Vertreter
- Redoxcoenzyme und
- gruppenübertragende Coenzyme.

Redoxcoenzyme

Die Bezeichnung dieser Coenzyme lässt zu Recht vermuten, dass sie irgendetwas mit Redoxreaktionen zu tun haben. Da Oxidation und Reduktion immer gekoppelt ablaufen, es aber im Stoffwechsel nicht immer möglich ist, einen passenden Reaktionspartner in der Zelle aufzutreiben, haben sich ein paar Coenzyme dazu bereit erklärt, für diese Aufgabe bereitzustehen und je nachdem, was gebraucht wird, oxidiert oder reduziert zu werden.

Daraus ergibt sich die Definition der Redoxcoenzyme: Redoxcoenzyme sind Coenzyme, die bei Redoxreaktionen H-Atome oder Elektronen aufnehmen oder abgeben.

Übrigens...
Die Redoxcoenzyme transportieren nur „kleine" Elektronen, Atome und Moleküle. Man könnte sie mit einem Auto vergleichen, da auch hier die Ladekapazität beschränkt ist.

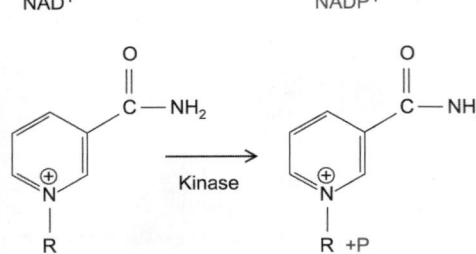

Abb. 9: Struktur von NAD⁺ und NADP⁺

MERKE:
- Sowohl NAD^+ als auch $NADP^+$ können aus Nicotinsäure oder Nicotinsäureamid (aus dem Vit B_2 Komplex) synthetisiert werden.
- Nicotinsäure (= Niacin) selbst kann aus der Aminosäure Tryptophan gebildet werden.

Wichtige Redoxcoenzyme sind
- NAD^+ und $NADP^+$,
- FMN und FAD,
- Liponsäure,
- Ubichinon,
- Häm und
- Eisen-Schwefel-Komplexe.

NAD^+ und $NADP^+$. NAD^+ und $NADP^+$ sind häufige und wichtige Coenzyme, um die man in der Biochemie nicht „herumkommt". Sie spielen in fast allen Stoffwechselkreisläufen eine Rolle. Fragen hierzu beziehen sich auf
a) ihre Struktur,
b) ihre Eigenschaften und Gemeinsamkeiten sowie
c) ihre Unterschiede.

Zu a) Keine Panik: Es ist nicht nötig, die Struktur der Moleküle auswendig zu lernen, man sollte sie nur wieder erkennen können (s. Abb. 9).

Übrigens...
- Ausgeschrieben bedeutet $NAD(P)^+$: Nicotinamid-Adenin-Dinucleotid-(Phosphat)
- NAD^+ und $NADP^+$ unterscheiden sich im strukturellen Aufbau lediglich durch eine Phosphatgruppe, die von einer Kinase auf NAD^+ übertragen wird, so dass daraus $NADP^+$ entsteht.

Übrigens...
Die Abbildung zeigt die Strukturformel von Nicotinsäureamid und NICHT die von Nicotin.

Abb. 10: Nicotinsäureamid

Um der Verwirrung bei den Begrifflichkeiten vorzubeugen:
Der Ausdruck **Niacin** ist gleichbedeutend mit **Nicotinsäure**. Das in der Natur häufig vorkommende Nicotinsäureamid ist genauso als Vitamin wirksam und kann als Niacinamid oder ebenfalls nur Niacin bezeichnet werden. Chemisch besteht der Unterschied zwischen der Säure und dem Säureamid lediglich in einer Aminogruppe, die an die Carboxylgruppe gebunden ist.

Zu b) den Eigenschaften von $NAD^+/NADP^+$ sollte man sich merken, dass beide zu den Redoxcoenzymen gehören und somit **Redoxäquivalente** (s. 1.1.4, S. 2) transportieren. Bei diesen Redoxäquivalenten handelt es sich allerdings um etwas Besonderes, nämlich um **Hydrid-Ionen**; ein Begriff, der im Physikum auch verlangt wird.

Systematisierung der Coenzyme | 7

Dahinter verbirgt sich jedoch nichts Schwieriges:
Ein **Hydrid-Ion** ist
- ein negativ geladenes **H⁻-Ion** =
- ein H-Atom + ein Elektron =
ein H⁺-Ion + zwei Elektronen.

Eine Oxidation ist definiert als Elektronenabgabe, die oft mit einer Protonenabgabe gekoppelt ist (s. 1.1.1, S. 2) und nichts anderes findet man hier: Beim Transport von Hydrid-Ionen werden zwei Elektronen zusammen mit einem Proton transportiert (s. Abb. 11).

MERKE:
NAD⁺ und NADP⁺ transportieren ein Hydridion, das vom Nicotinsäureamid akzeptiert (= aufgenommen/gebunden) wird.

Nach dieser kleinen Schlacht durch die Redoxreaktion nun zu den weiteren Gemeinsamkeiten der beiden Coenzyme:
- NAD⁺ und NADP⁺ sind **l sliche Coenzyme**, d.h. sie werden wie das Substrat vor der Reaktion gebunden, dann reduziert oder oxidiert und schließlich in veränderter Form wieder freigesetzt. Sie sind **NICHT kovalent** an Enzyme gebunden.
- NAD⁺ und NADP⁺ haben das **gleiche Redoxpotential** und unterscheiden sich somit nicht in ihrer Anziehungskraft auf Elektronen.

- NAD⁺ und NADP⁺ haben das **gleiche Absorptionsspektrum**. Im oxidierten Zustand absorbieren sie nur Licht bei 260 nm, im reduzierten haben sie ein zweites Absorptionsmaximum bei 340 nm. Konkret bedeutet das: Man kann NAD⁺ von NADP⁺ photometrisch nicht unterscheiden, auch nicht NADH+H⁺ von NADPH+H⁺. Unterscheiden kann man nur die reduzierten von den oxidierten Molekülen, also NADH+H⁺ von NAD⁺ und NADPH+H⁺ von NADP⁺. Diese Eigenschaft wird oft für enzymatische Tests genutzt.

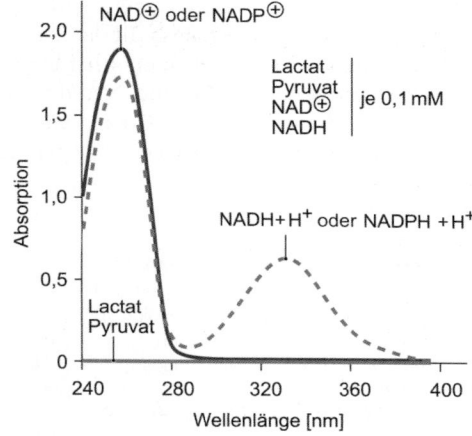

Abb. 12: Absorptionsspektrum von **NAD⁺** und **NADP⁺**

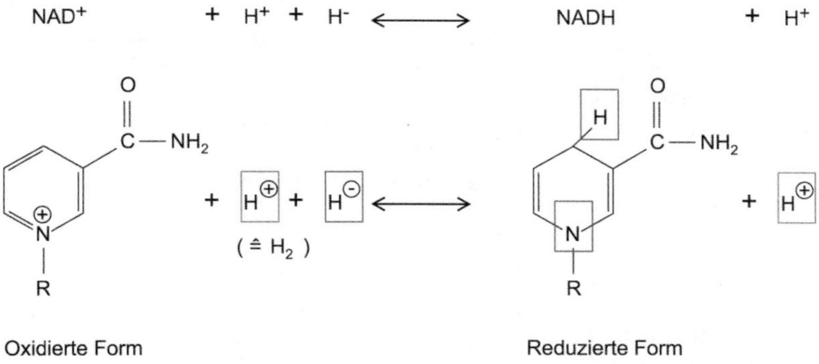

Oxidierte Form — Reduzierte Form

Die Abbildung zeigt die beiden Zustandsformen von NAD⁺/NADP⁺. Links ist die oxidierte Form dargestellt, die durch Aufnahme eines Hydridions vom Nicotinamid in die reduzierte Form übergeht. Das Hydridion liegt nicht frei vor, sondern stammt aus einem Wasserstoffmolekül (= H_2), von dem dann noch ein Proton übrig bleibt.

Abb. 11: Hydridionen-Transport durch **NAD⁺/NADP⁺**

8 | Überblick und Grundlagen

MERKE:
NAD⁺ und NADP⁺
- sind **lösliche** Coenzyme,
- besitzen das gleiche Redoxpotential und
- das gleiche Absorptionsspektrum.

> **Übrigens...**
> **Pellagra** ist eine **Nicotinamidmangelerkrankung** mit den Symptomen:
> - **D**emenz
> - **D**ermatitis
> - **D**iarrhöe
> Merkhilfe = **DDD**

Zu c) Zum krönenden Abschluss dieses Themas widmen wir uns jetzt noch dem entscheidenden Unterschied zwischen NAD⁺ und NADP⁺. Der besteht darin, dass die beiden Coenzyme von verschiedenen Enzymen/Stoffwechselwegen genutzt werden.

> **Übrigens...**
> Hinter dieser Tabelle steckt eine Systematik, mit der man sich viel Lernerei ersparen kann. Wenn man sich die einzelnen Zuständigkeiten mal genau ansieht, merkt man, dass NAD⁺ im katabolen (= abbauenden) Stoffwechsel und NADP⁺ im anabolen (= aufbauenden) Stoffwechsel benutzt wird.

MERKE:
- NAD⁺ ist Coenzym des katabolen Stoffwechsels.
- NADP⁺ ist Coenzym des anabolen Stoffwechsels.

FMN und FAD. Auch diese Redoxcoenzyme sind oft gesehene Begleiter in der Biochemie und den Physikumsfragen. Daher empfiehlt sich auch hier eine Beschäftigung mit
a) ihrer Struktur und
b) ihren Eigenschaften:

Zu a) Das Grundgerüst von FMN und FAD bildet das Riboflavin, welches ebenfalls dem Vitamin B_2 Komplex angehört.
Wie Abbildung 13 zeigt, besteht
- FMN aus Riboflavin + Phosphat,
- FAD aus Riboflavin + Phosphat + AMP
  oder anders ausgedrückt
- FAD aus FMN + AMP

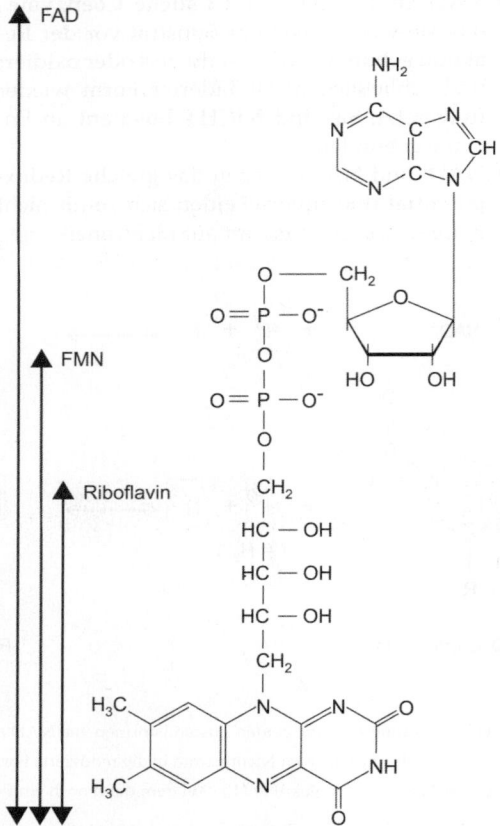

Abb. 13: Struktur von FMN und FAD

NAD⁺	NADP⁺
Glykolyse (bisher gefragt: Glycerinaldehyd-phosphat-Dehydrogenase)	Fettsäuresynthese
Citratcyclus	Cholesterol/Steroidbiosynthese
Atmungskette	Pentosephosphatweg (bisher gefragt Glucose-6-phosphat-Dehydrogenase)
↓	↓
kataboler Stoffwechsel	anaboler Stoffwechsel

Tabelle 1: Unterschiede NAD⁺/NADP⁺

> **Übrigens…**
> FMN enthält **KEIN AMP** und somit auch **KEINEN** Purinring:

Zu b) Die wichtigen Eigenschaften dieses Redoxcoenzymsystems sind schnell zusammengefasst:
- FMN und FAD übertragen immer zwei Wasserstoffatome, FAD (FMN) wird bei H_2-Aufnahme reduziert zu $FADH_2$ ($FMNH_2$).
$FAD + 2H \rightarrow FADH_2$
- FMN und FAD gehören zu den Flavoproteinen. Sie katalysieren **Redoxreaktionen**, wie z.B. oxidative Desaminierungen, Dehydrierungen, Transhydrogenierungen, aber KEINE Transaminierungen und KEINE Hydrolysen.
- FMN und FAD sind **kovalent** an ihre Enzyme gebunden, d.h. sie bleiben vor, während und nach der Reaktion an ihrem Enzym und müssen an diesem auch wieder regeneriert werden (s. prosthetische Gruppen, S. 5).
- FMN und FAD haben ein positiveres Redoxpotential als NAD^+ und $NADP^+$, d.h. sie üben eine größere Anziehungskraft auf Elektronen aus als NAD^+ und $NADP^+$. Daher werden $NADH+H^+$ und $NADPH+H^+$ von FMN und FAD oxidiert.

MERKE:
- FAD und FMN sind prosthetische Gruppen, die sich nicht von ihrem Enzym lösen können.
- FAD und FMN transportieren immer 2H-Atome.

Die übrigen vier Redoxcoenzyme werden nicht explizit gefragt.

Da sie an manchen Reaktionen aus Kapitel zwei, drei, vier und fünf beteiligt sind, sollte man sich aber ihre Namen und ihre Zugehörigkeit (= an welchen Stoffwechselwegen und Reaktionen sie beteiligt sind) schon mal merken. Mit diesen Vorkenntnissen ist es wesentlich einfacher, diese Themen zu verstehen, da man dann nicht nur mit neuer Information konfrontiert wird.

Liponsäure (= Lipoat) Die Liponsäure spielt in der Biochemie eher eine untergeordnete Rolle. Man sollte jedoch wissen, dass sie
- 2H überträgt und
- an der oxidativen Decarboxylierung von Pyruvat und α–Ketoglutarat beteiligt ist (s. Kap. 2, ab S. 21).

oxidierte Form   reduzierte Form

Abb. 14: Liponsäure

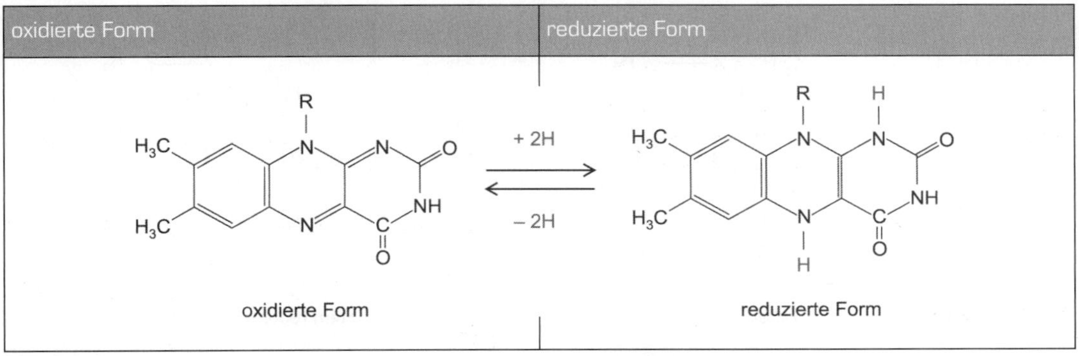

oxidierte Form	reduzierte Form

Abb. 15a: FMN und FAD oxidiert   **Abb. 15b: FMN und FAD reduziert**

Übrigens...
Um der Verwirrung bei den Begrifflichkeiten vorzubeugen:
Liponsäure ist gleichzusetzen mit dem Begriff Lipoat (= Salz der Liponsäure). Die wesentliche physiologische Funktion besteht in der Beteiligung als Coenzym an der oxidativen Decarboxylierung von α-Ketosäuren. Hierbei hat die Liponsäure jedoch Liponamidform, ist also über eine Säureamidbindung an einen Rest gebunden.

Ubichinon (= Coenzym Q). Das Ubichinon ist ein besonderes Coenzym. Es ist nämlich so lipophil, dass es sich in Membranen bewegen kann und damit Redoxäquivalente innerhalb dieser Membranen von einem Punkt zum nächsten transportiert. Ihm kommt eine wichtige Rolle in der Atmungskette zu, wo Ubichinon ebenfalls zwei H-Atome überträgt.

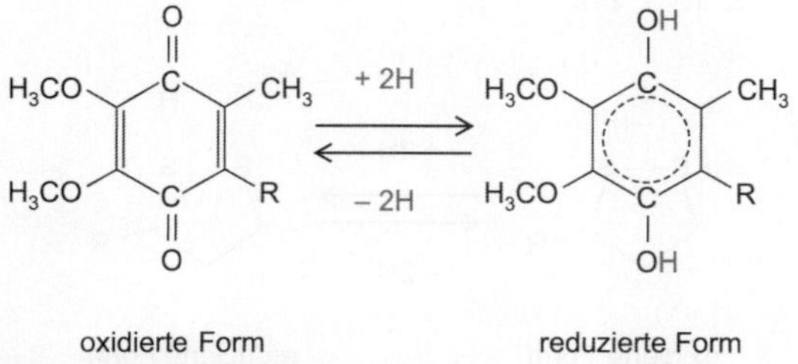

Abb. 16: Ubichinon und Ubichinol

Übrigens...
Ein paar Worte zur Nomenklatur: Links ist die oxidierte Form = Ubichin**on** (= ein Ket**on**) dargestellt, die durch die Aufnahme von 2H in die reduzierte Form = Ubichin**ol** (= ein Alkoh**ol**) übergeht. Chemisch gesehen werden dadurch aus den beiden Ketogruppen (= C=O) zwei Alkoholgruppen (= C-OH).

Häm. Häm bei den Redoxcoenzymen, hat das nicht eher was mit Blut zu tun? Das ist richtig, aber das Häm ist so ein vielseitiges Molekül, dass es zu schade wäre, ihm nur eine Aufgabe anzutragen...
Häm kann nämlich mit verschieden Proteinen assoziiert sein. Je nachdem mit welcher Proteinstruktur das Häm verbunden ist, entstehen Hämoglobin, Myoglobin oder verschiedene Cytochrome. In den beiden ersten Molekülen hat Häm in der Tat die Funktion eines Sauerstoffträgers, in den Cytochromen ist das Häm jedoch ein Redoxcoenzym. Im Gegensatz zu den vorher besprochenen Redoxcoenzymen überträgt das Häm jedoch **nur ein Elektron**.

Bei Aufnahme des Elektrons wird das Eisen-Ion im Häm um eins weniger positiv = es geht von der Fe^{3+}-Form in die Fe^{2+}-Form über.

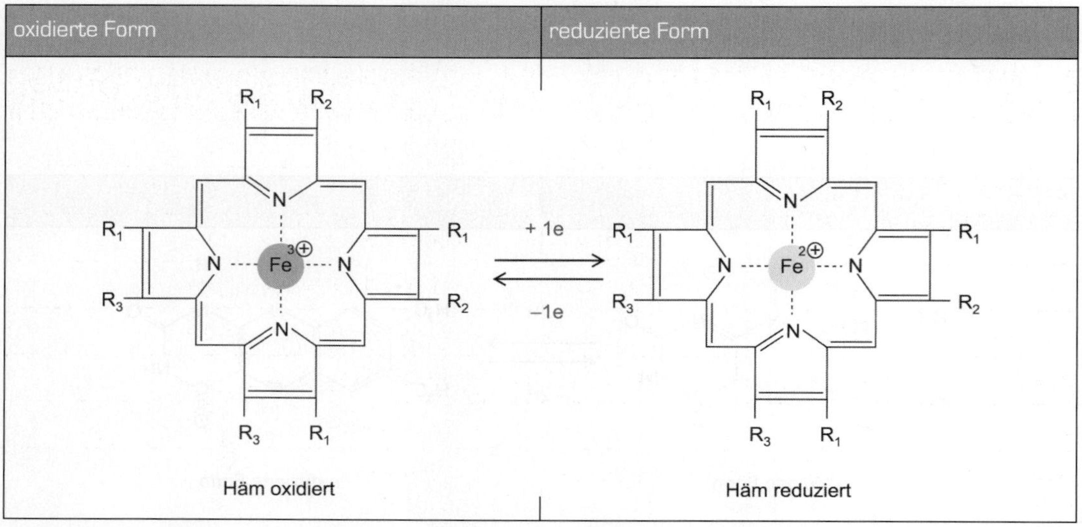

oxidierte Form	reduzierte Form
Häm oxidiert	Häm reduziert

Abb. 17a: Häm oxidiert **Abb. 17b: Häm reduziert**

Systematisierung der Coenzyme | 11

Übrigens...
Auch im Hämoglobin und Myoglobin kann das Häm oxidiert werden und in die 3^+-Form übergehen. Das Hämoglobin heißt dann Methämoglobin und ist für den Sauerstofftransport unbrauchbar, da es kein O_2 mehr binden kann.

Eisen-Schwefel-Komplexe. Die Eisen-Schwefel-Komplexe sind hier nur der Vollständigkeit halber mit aufgeführt. Sie spielen in der Atmungskette eine wichtige Rolle und werden auch nur dort gefragt. In diesem Zusammenhang sollte man wissen, an welchen Komplexen der Atmungskette sie beteiligt sind (s. Kap. 4, ab S. 36). Durch Eisen-Schwefel-Komplexe wird ebenfalls **nur ein Elektron** übertragen.

Übrigens...
Die Eisen-Schwefel-Komplexe werden im Physikum gerne mit dem Oberbegriff „proteingebundenes Eisen in Nicht Häm Form" bezeichnet.

Zusammenfassung: Redoxcoenzyme. Um den Überblick nicht total zu verlieren, ist hier das Wichtigste noch mal in Tabellenform aufgeführt. Bitte keine Panik, die Tabelle muss nicht auswendig gelernt werden. Denn wenn man das Coenzym und das von ihm übertragene Redoxäquivalent kennt, kann man sich den Rest ableiten.

Gruppenübertragende Coenzyme
Dies ist die zweite wichtige Gruppe der Coenzyme. Über das Transportgut der Redoxcoenzyme können sie nur lachen: Die zu transportierende Last der gruppenübertragenden Coenzyme aus chemischen Gruppen (= z.B. Alkylreste, Aminogruppen...) ist doch wesentlich größer als die kleinen Elektrönchen, Hydrid-Ionen oder H-Atome der Redoxcoenzyme.

MERKE:
Gruppenübertragende Coenzyme sind Coenzyme, die im Gegensatz zu den Redoxcoenzymen keine Elektronen oder Atome, sondern ganze Gruppen übertragen (= z.B. Phosphorsäurereste, Acetylreste...].

Übrigens...
Die gruppenübertragenden Coenzyme sind schwer beladen. Man könnte sie gut mit LKWs vergleichen: Für größeres Transportgut braucht man eben auch große Transportmittel.

Coenzym	ox. Zustand	red. Zustand	Redoxäquivalente	Abk.
NAD	NAD^+	NADH	Hydridion	H^-
NADP	$NADP^+$	NADPH	Hydridion	H^-
FAD	FAD	$FADH_2$	Wasserstoffatome	2H
FMN	FMN	$FMNH_2$	Wasserstoffatome	2H
Liponamid	Liponamid	Liponamid2H	Wasserstoffatome	2H
Ubichinon	Ubichinon	Ubichinol	Wasserstoffatome	2H
Häm	$Häm^{3+}$	$Häm^{2+}$	Elektronen	e^-
Eisen-Schwefel-Komplexe	$[4Fe-4S]^{3+}$	$[4Fe-4S]^{2+}$	Elektronen	e^-

Tabelle 2: Übersicht: Redoxcoenzyme

www.medi-learn.de

Überblick und Grundlagen

Die drei Coenzyme, die in diesem Abschnitt prüfungsrelevant sind, dürften den meisten schon hinreichend bekannt sein. Jetzt geht es nämlich um
- ATP,
- Coenzym A und
- Thiamindiphosphat.

ATP = Adenosintriphosphat. An diesem Molekül gibt es wirklich kein Vorbeikommen. Denn ATP spielt nicht nur als „Währung" im Energiestoffwechsel DIE entscheidende Rolle, sondern ist auch essentieller Baustein von DNA und RNA.
Das Thema ATP ist zwar wieder ein bisschen chemielastiger, aber dennoch zu meistern, zumal es für die meisten ein „alter Hut" sein dürfte, denn ATP ist ja oft schon aus der Schule bekannt. Beginnen wir also mit dem Aufbau des Moleküls:

ATP bedeutet Adenosintriphosphat =

Adenosin + 3 Phosphorsäurereste =

Adenin + Ribose + 3 Phosphorsäurereste

Die drei Phosphorsäurereste werden dabei nacheinander an das Nucleosid Adenosin gehängt:
Adenosin + P → AMP
(= Adenosinmonophosphat)
AMP + P → ADP (= Adenosindiphosphat)
ADP + P → ATP (=Adenosintriphosphat)

Übrigens...
Die genaue Kenntnis der Struktur von ATP ist fürs Physikum einfach ein Muss...

Die Bindungen zwischen den Phosphorsäureresten bilden eine besonders wichtige Strukturkomponente des ATP: **Es sind energiereiche Säureanhydridbindungen**.

MERKE:
Säureanhydridbindungen sind Verbindungen zwischen zwei Säuren (entstehen durch H_2O Abspaltung) und besonders energiereich.

Hier liegt das Geheimnis begraben, warum ATP so energiereich ist, und somit auch die Begründung für seine Rolle als universelle Energiewährung im Stoffwechsel.

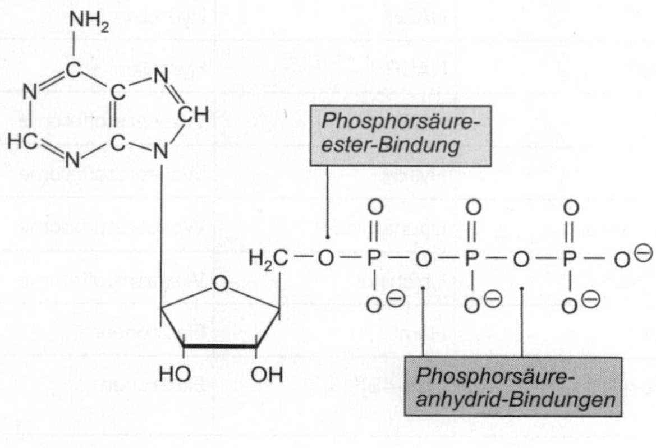

Abb. 18: ATP-Molekül

Doch was genau macht ATP?
Diese Frage lässt sich ganz kurz beantworten: ATP überträgt Phosphorsäurereste. Dabei wird durch die Abspaltung der Phosphorsäurereste – also das Spalten der energiereichen Säureanhydridbindungen – Energie frei (= exergone Reaktion, s. 1.2, S. 4). Diese freie Energie kann von energieverbrauchenden (= endergonen, s. 1.2, S. 4) Reaktionen genutzt werden.

MERKE:
Durch das Spalten der Säureanhydridbindungen des ATP können in der Zelle endergone Reaktionen (= z.B. Synthesen) ablaufen.

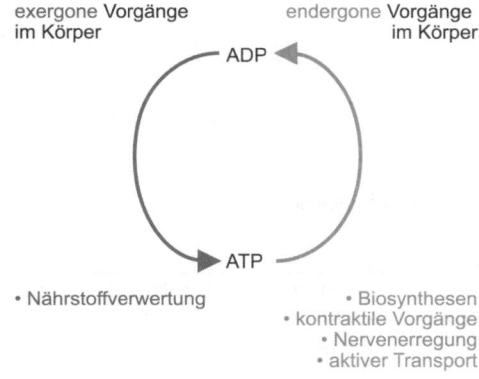

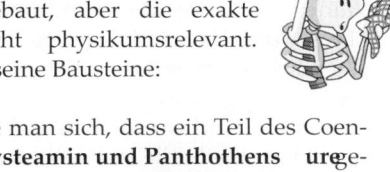

Abb. 19: ATP im Zentrum des Energiestoffwechsels

Coenzym A. Auch das zweite, hier vorgestellte gruppenübertragende Coenzym ist unumgänglich.

Coenzym A ist zwar etwas komplizierter aufgebaut, aber die exakte Struktur nicht physikumsrelevant. Wohl jedoch seine Bausteine:

Merken sollte man sich, dass ein Teil des Coenzym A **aus Cysteamin und Pantothensäure** gebildet wird. Diese beiden Moleküle bilden dann zusammen das **Panthethein**. Durch das Cysteamin trägt das Coenzym A an einem Ende eine **SH-Gruppe**. Sie ist wichtig für die Aktivierung der Fettsäuren.

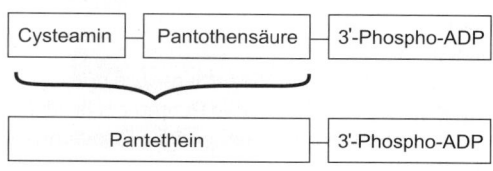

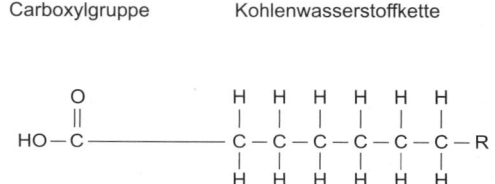

Coenzym A transportiert Acyl-Reste (= Fettsäurereste = Kohlenwasserstoffketten), die alleine zu träge für Reaktionen sind.

Hier zur Erinnerung noch mal die Darstellung einer Fettsäure:

Carboxylgruppe   Kohlenwasserstoffkette

$$HO-\overset{O}{\underset{\|}{C}}-\overset{H}{\underset{H}{C}}-\overset{H}{\underset{H}{C}}-\overset{H}{\underset{H}{C}}-\overset{H}{\underset{H}{C}}-\overset{H}{\underset{H}{C}}-R$$

Abb. 20: Acyl CoA Aufbau

Durch Knüpfen einer **energiereichen Thioesterbindung** zwischen der Carboxylgruppe (= COOH) des Acyls und der SH-Gruppe des Cysteamins werden die Fettsäuren aktiviert. Der genaue Aktivierungsmechanismus soll hier keine Rolle spielen.

Ähnlich wie beim ATP kann die Spaltung (= exergon) dieser Thioesterbindung gekoppelte endergone Reaktionen ermöglichen.

MERKE:
Coenzym A
- enthält als Bausteine Pantothensäure und Cysteamin, die zusammen das Panthein bilden.
- bildet mit Fettsäuren energiereiche Thioesterbindungen.
- ist unter anderem beteiligt an der Biosynthese von Fettsäuren, Acetoacetat (= Ketonkörper) und Cholestrin (=Cholesterol).
- ist beteiligt an der oxidativen Decarboxylierung von α-Ketosäuren (s. Kap. 2, ab S. 21).

Übrigens...
Um einer möglichen Verwirrung vorzubeugen, sei hier noch mal ganz kurz der Unterschied zwischen Acetyl CoA und Acyl CoA herausgestellt.
- Ist eine Fettsäure (= Carbonsäure Länge ab 4 C-Atomen) an CoA gebunden, nennt man diese Verbindung Acyl CoA.

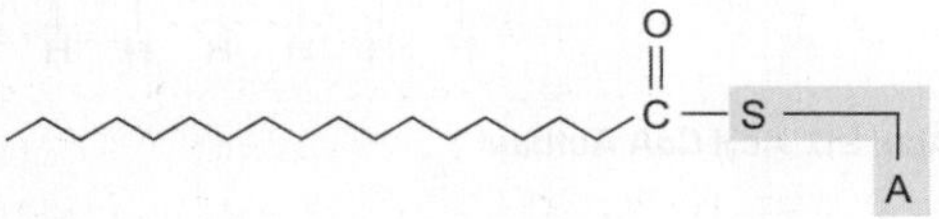

Acyl-CoA

- Ist Essigsäure (= Carbonsäure mit 2 C-Atomen) an CoA gebunden, nennt man diese Verbindung Acetyl CoA.

Essigsäure + CoA = Acetyl CoA

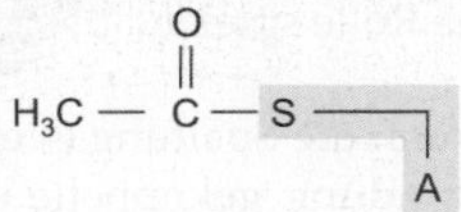

Acetyl-CoA

Thiamindiphosphat. Der Marathon durch die Coenzyme hat bald ein Ende, aber etwas Wissenswertes gibt es noch: das Thiamindiphosphat.

Synthetisiert wird dieses gruppenübertragende Coenzym aus **Thiamin (= Vitamin B$_1$)** und seine Aufgabe ist die Übertragung von Hydroxyalkylresten (= Alkylrest mit OH-Gruppe).

MERKE
Thiamindiphosphat ist das Coenzym der
- oxidativen Decarboxylierung von α-Ketosäuren
  - bei der Pyruvatdehydrogenasereaktion, s. 2.1, S. 21 (Enzym = Pyruvatdehydrogenase)
  - im Citratcyclus, s. 3.1.1, S. 28 (Enzym = α-Ketoglutaratdehydrogenase)
- Transketolase (im Pentosephosphatweg)

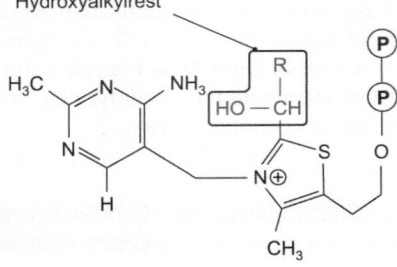

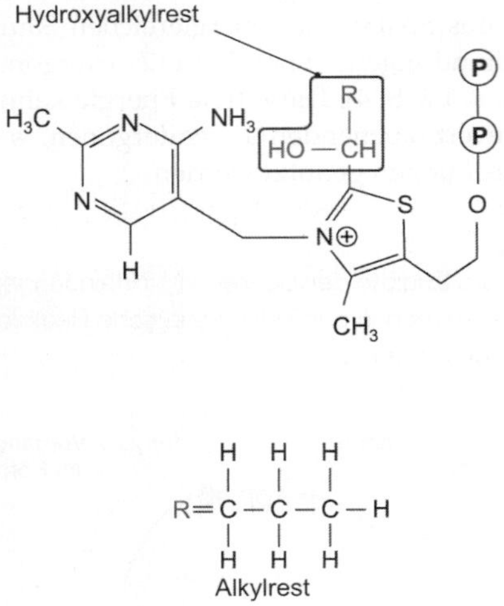

Abb. 21: Thiamindiphosphat Schema

Übrigens...
Bei Vitamin B1-Mangel (= Thiamin-Mangel) kommt es zu einer Störung der Pyruvatverwertung.

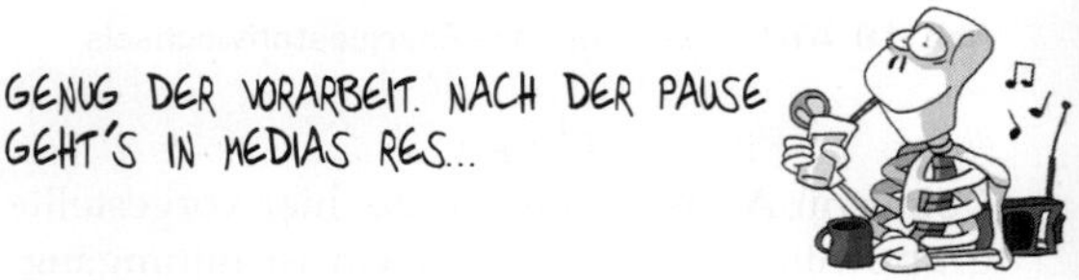

GENUG DER VORARBEIT. NACH DER PAUSE GEHT'S IN MEDIAS RES...

1.4 Ein paar Geheimnisse aus dem mitochondrialen Leben

Warum wird das Mitochondrium besprochen, obwohl das Thema biologische Oxidation doch eigentlich nichts mit den Zellorganellen zu tun hat? Na ja, irgendwo muss dieser Prozess ja auch stattfinden. Und wo sollte es anders sein, als in der Zellorganelle, die als das Kraftwerk der Zelle bezeichnet wird...

1.4.1 Stoffwechselwege im Mitochondrium

Die Begründung für die Bezeichnung „Kraftwerk der Zelle" fällt nicht schwer. Auch wenn man sich wundert, in diesem kleinen Zellkompartiment ist richtig was los!

MERKE:
Im Mitochondrium laufen folgende Stoffwechselwege ab:
- β-Oxidation der Fettsäuren,
- Ketonkörperbildung,
- Harnstoffcyclus (teilweise),
- Porphyrinsynthese,
- Citratcyclus und
- Atmungskette.

Im Mitochondrium findet dagegen NICHT statt:
- Glykolyse und
- Pentosephosphatweg.

Diese beiden befinden sich im Zytosol. Im Mitochondrium befinden sich somit auch keine Enzyme für diese Stoffwechselprozesse.

1.4.2 Transportsysteme

Ganz so einfach lässt sich das Mitochondrium von den Stoffwechselprodukten jedoch nicht um den Finger wickeln. Der Eintritt ins Kraftwerk ist nämlich mächtig erschwert. Aber wer so viele wertvolle Schätze beherbergt, muss sich eben ein bisschen verbarrikadieren.
Anders gesagt: Die **innere Mitochondrienmembran** ist für viele Stoffe nicht durchlässig. Zu den Stoffen, für die das Mitochondrium KEIN spezifisches Transportsystem besitzt, gehören
- Wasserstoffatome (in Form von NADH+H$^+$),
- Acetyl-CoA,
- Acyl-CoA,
- Oxalacetat.

Sie enthält jedoch spezifische Transportsysteme für die Moleküle
- ATP,
- Phosphat,
- Pyruvat,
- Malat,
- α-Ketoglutarat
- Aspartat und
- Citrat.

MERKE:
Die innere Mitochondrienmembran enthält KEINE spezifischen Transportsysteme für NADH+H$^+$.

Übrigens...
Mitochondrien sind von zwei Membranen umgeben. Die äußere Mitochondrienmembran ist jedoch sehr durchlässig und stellt daher für die hier besprochenen Stoffe kein Hindernis dar.

Die Stoffe, für die die innere Membran undurchlässig ist, werden aber im Mitochondrium benötigt. Daher haben die Mitochondrien eine Umwegsstrategie entwickelt: Moleküle, die gebraucht werden, aber die innere Mitochondrienmembran nicht passieren können, werden zuvor in eine transportable Form umgewandelt.
Die Umwegsstrategie des Mitochondriums kann man sich anhand eines Modells ganz leicht veranschaulichen:
Man stelle sich einen Fluss vor, der nur von einem Schiff überquert werden kann. Ziel ist es, Getreide auf die andere Flussseite zu bringen. Da das Schiff aber nur verpacktes Getreide nimmt, muss es vorher in Tonnen gefüllt werden. Das Getreide wird nun in Tonnen über den Fluss gebracht und auf der anderen Uferseite wieder ausgeschüttet. Damit ist es in seiner ursprünglichen Form am Zielort angelangt.
Das gleiche Prinzip verfolgt das Mitochondrium: Um auf die Innenseite der Membran zu gelangen müssen sich die Moleküle in eine andere Form umwandeln lassen. Nur so können sie durch die Membran transportiert werden. Im Mitochondrium werden sie dann wieder in ihre ursprüngliche Form gebracht.

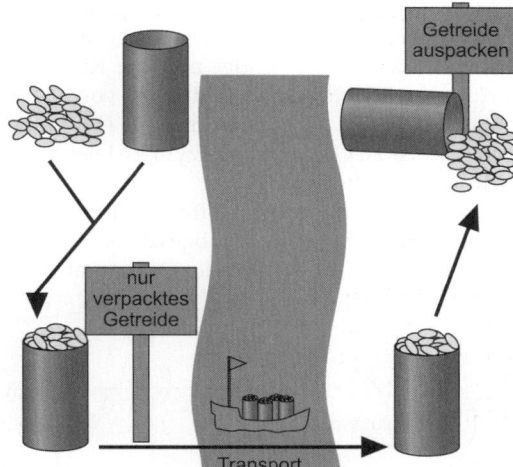

Abb. 22: Umwegsstrategie veranschaulicht

Jedes Molekül hat sein eigenes Transportsystem (s. Tabelle 3). Wichtig für das Thema biologische Oxidation ist vor allem der Transport der Wasserstoffatome, der gleich noch genauer besprochen wird.

Substrat ohne spezifisches Transportsystem	zuständiger Transporter
Wasserstoffatome	Malat-Shuttle, Glycerophosphat-Shuttle
Acetyl-CoA	Citrat-Shuttle
Acyl-CoA	Carnitin-Shuttle
Oxalacetat	Malat-Shuttle

Tabelle 3: mitochondriale Transportsysteme

Malat-Aspartat-Shuttle

Dieser Shuttle ist zuständig für den Transport von Wasserstoffatomen über die innere Mitochondrienmembran. Auch wenn er auf den ersten Blick etwas unübersichtlich erscheint, die Grafik (und damit auch der Shuttle) bekommt schnell Klarheit, wenn man den Zyklus einfach mal durchspielt: Ziel ist es, die Wasserstoffatome auf die andere Seite zu transportieren. Begonnen wird mit der

1. Oxidation von NADH+H$^+$, wobei gleichzeitig Oxalacetat zu Malat reduziert wird (Enzym = Malatdehydrogenase zytosol.).
2. Malat überquert mit dem Shuttle im Austausch mit α-Ketoglutarat die innere Mitochondrienmembran.
3. Im Mitochondrium findet nun die Rückführung von Schritt 1 statt = Reduktion von NAD$^+$ zu NADH+H$^+$, verbunden mit der Oxidation von Malat zu Oxalacetat (Enzym = Malatdehydrogenase mitoch.).

Der Transport von Wasserstoffatomen ins Mitochondrium ist damit schon abgeschlossen. Nun geht es um den Abtransport des Oxalacetats, das die innere Mitochondrienmembran auch nicht passieren kann. Dazu wird transaminiert:

4. NH$_3$ wird von Glutamat auf Oxalacetat übertragen, wodurch Glutamat zu α-Ketoglutarat desaminiert und gleichzeitig die frei werdende NH$_3$ Gruppe auf Oxalacetat übertragen wird, aus dem so Aspartat entsteht (Enzym: GOT = AST).
5. α-Ketoglutarat kann die innere Mitochondrienmembran überqueren.
6. Aspartat kann die innere Mitochondrienmembran überqueren.
7. Im Zytosol wird die Transaminierung wieder auf dem gleichen Weg rückgängig gemacht. Und der Zyklus kann von Neuem beginnen.

Für diejenigen, die die einzelnen Übertragungsreaktionen genau nachvollziehen möchten, sind hier die Moleküle mit Strukturformel aufgeführt:

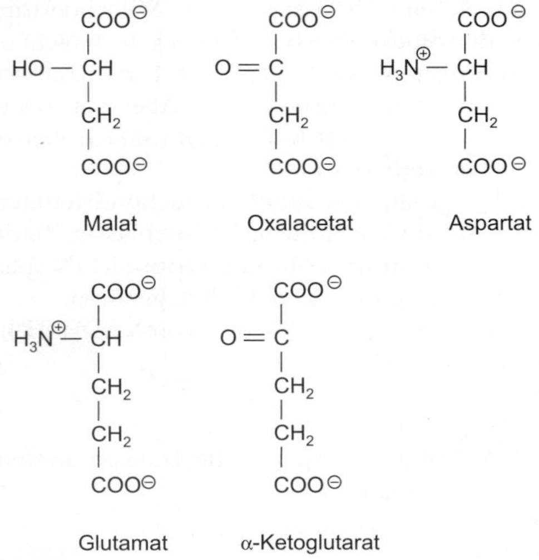

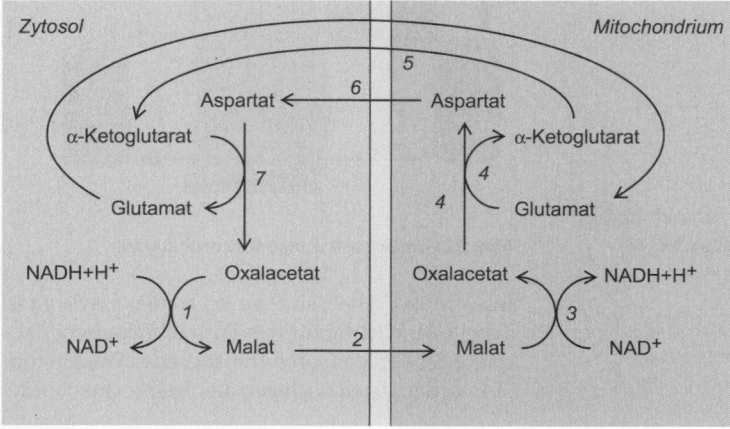

Abb. 24: Malat-Aspartat-Shuttle, beteiligte Moleküle

Abb. 23: Malat-Aspartat-Shuttle

MERKE:
Die Malatdehydrogenase kommt sowohl in den Mitochondrien als auch im Zytosol vor.

Glycerophosphat-Shuttle

Auch dieser Shuttle dient dem Transport von Wasserstoffatomen. Dabei wird
1. $NADH+H^+$ oxidiert, die entstehenden Wasserstoffatome werden durch die zytoplasmatische Glycerophosphatdehydrogenase auf Dihydroxyacetonphosphat übertragen, wodurch α-Glycerophosphat entsteht.
2. An der Außenseite der inneren Mitochondrienmembran ist die mitochondriale Glycerophosphatdehydrogenase gebunden, die α-Glycerophosphat wieder zu Dihydroxyacetonphosphat oxidiert. Die dabei freiwerdenden Wasserstoffatome werden auf **FAD** übertragen, wodurch $FADH_2$ entsteht. Dieses fließt sofort in die Atmungskette (s. S. 39).

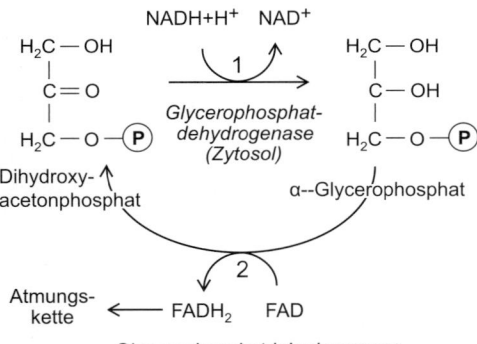

Abb. 25: Glycerophosphat-Shuttle

Übrigens...
Bei diesem Shuttle findet keine Elektronenüberquerung der inneren Mitochondrienmembran statt.

MERKE:
Die mitochondriale Glycerophosphatdehydrogenase bildet $FADH_2$.

DAS BRINGT PUNKTE

Aus dem Bereich Grundlagen sollte man sich unbedingt merken, dass
- NAD^+ und $NADP^+$
  - aus Nicotinsäure/Nicotinamid (= Niacin) und die wiederum aus Tryptophan synthetisiert werden können.
  - ein Hydridion transportieren, das von Nicotinamid akzeptiert wird.
  - lösliche Coenzyme sind.
  - NAD^+ Coenzym des katabolen Stoffwechsels ist.
  - $NADP^+$ Coenzym des anabolen Stoffwechsels ist.
- FAD und FMN
  - prosthetische Gruppen sind.
  - 2H übertragen.
- Coenzym A
  - als Baustein Pantothensäure und Cysteamin hat, die zusammen das Pantethein bilden.
  - an der oxidativen Decarboxylierung von α-Ketosäuren beteiligt ist.
- Thiamindiphosphat Coenzym ist bei der
  - oxidativen Decarboxylierung von α-Ketosäuren.
  - Transketolase (im Pentosephosphatweg).
- das Mitochondrium u. a. folgende Stoffwechselkreisläufe beherbergt:
  - β-Oxidation der Fettsäuren,
  - Ketonkörperbildung,
  - Harnstoffcyclus (teilweise),
  - Porphyrinsynthese,
  - Citratcyclus und
  - Atmungskette.
- die innere Mitochondrienmembran KEINE spezifischen Transportsysteme für $NADH+H^+$ enthält.
- auf der mitochondrialen Seite durch die mitochondriale Glycerophosphatdehydrogenase $FADH_2$ gebildet wird.

BASICS MÜNDLICHE

Was sind exergone, was endergone Reaktionen? Wieso ist so etwas wichtig für die Biochemie?
Exergone Reaktionen sind Reaktionen die Energie freisetzen, endergone Reaktionen sind solche, die Energie verbrauchen. Durch die Kopplung einer exergonen Reaktion ist der Ablauf von endergonen Reaktionen erst möglich. Auch in der Zelle ist dieser Zusammenhang wichtig: Nur durch die Spaltung von energiereichen Bindungen sind energieverbrauchende Prozesse wie z.B. die Proteinsynthese überhaupt möglich.

Was sind Coenzyme? Definieren Sie bitte den Begriff, klassifizieren Sie diese, und nennen Sie mir jeweils ein Beispiel.
Coenzyme sind Hilfsmoleküle, die übertragene Gruppen vorrübergehend übernehmen. Man kann lösliche Coenzyme und fest gebundene Coenzyme (= prosthetische Gruppen) unterscheiden. Lösliche Coenzyme wie das NAD^+ und $NADP^+$ oder auch Ubichinon werden wie das Substrat gebunden, umgesetzt und anschließend wieder gelöst. Prosthetische Gruppen wie das FAD und FMN oder auch Häm bleiben an ihrem Enzym fest gebunden. Darüber hinaus kann man die Coenzyme noch in Redoxcoenzyme und gruppenübertragene Coenzyme unterteilen.

Welche Stoffwechselwege finden im Mitochondrium statt?
β-Oxidation der Fettsäuren, Ketonkörperbildung, Harnstoffcyclus (teilweise), Porphyrinsynthese, Citratcyclus, Atmungskette.

Welche Wege kennen Sie, um Wasserstoffatome über die innere Mitochondrienmembran zu transportieren?
Es gibt zwei Wege, um Wasserstoffatome über die innere Mitochondrienmembran zu transportieren: Den Malat-Shuttle und den Glycerophosphatshuttle. Beim Malat- Shuttle wird $NADH+H^+$ im Zytosol oxidiert und die Redoxäquivalente auf Oxalacetat übertragen. Dadurch wird Oxalacetat zu Malat reduziert. Malat kann die innere Mitochondrienmembran passieren und überträgt die Wasserstoffatome wieder auf NAD^+.

Damit Medizinstudenten eine sichere Zukunft haben
Kompetente Beratung von Anfang an

Bereits während Ihres Studiums begleiten wir Sie und helfen Ihnen, die Weichen für Ihre Zukunft richtig zu stellen. Unsere Services, Beratung und Produktlösungen sind speziell auf Ihre Belange als künftige(r) Ärztin/Arzt ausgerichtet:

- PJ-Infotreff
- Bewerber-Workshop
- Versicherungsschutz bei Ausbildung im Ausland
- Karriereplanung
- Finanzplanung für Heilberufe – zertifiziert durch den Hartmannbund

Zudem bieten wir Mitgliedern von Hartmannbund, Marburger Bund, Deutschem Hausärzteverband und Freiem Verband Deutscher Zahnärzte zahlreiche Sonderkonditionen.

Interessiert? Dann informieren Sie sich jetzt!
Bitte nutzen Sie unsere VIP-Faxantwort auf der Rückseite dieser Anzeige.

Deutsche Ärzte Finanz
Beratungs- und Vermittlungs-AG
Colonia Allee 10–20 · 51067 Köln
Telefon: 02 21/1 48-3 23 23
Telefax: 02 21/1 48-2 14 42
E-Mail: service@aerzte-finanz.de
www.aerzte-finanz.de

VIP-Faxantwort

Fax-Hotline: 02 21/1 48-2 14 42

Informieren Sie mich bitte zu den folgenden Themen:

☐ **Versicherungsschutz für Auslandsaufenthalte**
  ☐ Länderinformationen für Auslandsaufenthalte. Land: _____

☐ **Absicherung bei Berufsunfähigkeit**

☐ **Haftpflichtversicherung**
  ☐ Vorklinik   ☐ Klinik   ☐ Famulatur

☐ **Seminarangebote rund um Prüfungsvorbereitung, Bewerbung und Karriere**

☐ **Sonstiges:** _____

Name/Vorname _____ Straße/Ort _____

Telefon _____ Fax _____

E-Mail _____ Universität _____ Semester _____

Ich wünsche eine persönliche Beratung. Bitte melden Sie sich zwecks Terminvereinbarung am günstigsten in der Zeit von _____ Uhr bis _____ Uhr unter der vorgenannten Rufnummer.

_____   _____
Datum   Unterschrift

Deutsche Ärzte Finanz
Beratungs- und Vermittlungs-AG
Colonia Allee 10–20 · 51067 Köln
Telefon: 02 21/1 48-3 23 23
Telefax: 02 21/1 48-2 14 42
E-Mail: service@aerzte-finanz.de
www.aerzte-finanz.de

2 Pyruvatdehydrogenase-reaktion (= PDH)

Jetzt ist es endlich soweit: Die Grundlagen sind bewältigt und es geht ans Eingemachte: Den Anfang bildet die Pyruvatdehydrogenasereaktion. Bevor man sich jetzt mitten in die Reaktion stürzt, sollte man sich noch mal zwei Minuten Zeit nehmen und einen Blick auf die Übersichtsgrafik (s. Abb. 1, S. 1) werfen: Die Pyruvatdehydrogenasereaktion liegt direkt hinter der Glykolyse auf dem Kohlenhydratweg und wie der Name schon vermuten lässt, ist ihr Startmolekül das Pyruvat. Hinter der Pyruvatdehydrogenasereaktion steht das Acetyl CoA, welches in den Citratcyclus einfließt.
Die Pyruvatdehydrogenasereaktion führt also vom Pyruvat zum Acetyl CoA. Diese Reaktion findet im **Mitochondrium** statt, ist **irreversibel** und wird katalysiert durch einen **Multienzymkomplex** (= Pyruvatdehydrogenase = PDH) aus Enzymen und folgenden Coenzymen: α

Coenzym	Merkspruch
Thiamindiphosphat	**T**iere
Liponamid	**li**eben
CoA	**Co**la und
FAD	**f**antastische
NAD$^+$	**N**ahrung

Tabelle 4: Coenzyme der PDH

Übrigens...
Das Schöne an diesem Merkspruch ist, dass er auch gleichzeitig die Reihenfolge berücksichtigt, in denen die Coenzyme in der Reaktionskette gebraucht werden.

MERKE:
Die Pyruvatdehydrogenasereaktion
- führt vom Pyruvat zum Acetyl CoA.
- ist irreversibel.
- wird durch einen Multienzymkomplex katalysiert.

2.1 Ablauf der Pyruvatdehydrogenasereaktion

Um die Pyruvatdehydrogenasereaktion etwas zu systematisieren, kann man sie gedanklich in drei Abschnitte unterteilen:
1 Pyruvat (= 3 C-Körper) wird decarboxyliert = CO_2 wird frei und es entsteht ein C2-Rest.
2 der C2-Rest wird auf CoA übertragen, wodurch Acetyl CoA entsteht.
3 die von der Reaktion genutzten Coenzyme werden regeneriert.

2.1.1 PDH-Reaktion Teil 1: Decarboxylierung
Die Decarboxylierung erfolgt in zwei Teilschritten:
1 Pyruvat wird an Thiamin gebunden und
2 Pyruvat wird decarboxyliert.
Übrig bleibt ein C2 Körper am Thiamin (genauer: ein an Thiamin gebundenes Acetaldehyd).

Dihydroxyaceton-phosphat   α-Glycerophosphat

Pyruvat   Thiamin-(P)-(P)

CO_2 Pyruvat-decarboxylase

"aktiver Acetaldehyd"

Abb. 26: Pyruvatdehydrogenasereaktion Teil 1

2.1.2 PDH-Reaktion Teil 2: CoA-Anhängung

Auch das Anhängen von CoA benötigt zwei Schritte:
1 Der C2 Körper wird von Liponamid übernommen und dabei dehydriert, wodurch ein Acetyl-Rest entsteht (genauer: ein mit Liponamid verestertes Acetat).
2 Der Acetyl-Rest wird auf CoA übertragen und es entsteht Acetyl CoA. Wie in 1.3.2, s. S. 13 bereits erklärt, ist dies ein energiereicher Thioester.

Die Liponsäure liegt jetzt im reduzierten (= hydrierten) Zustand als Dihydroliponamid vor.

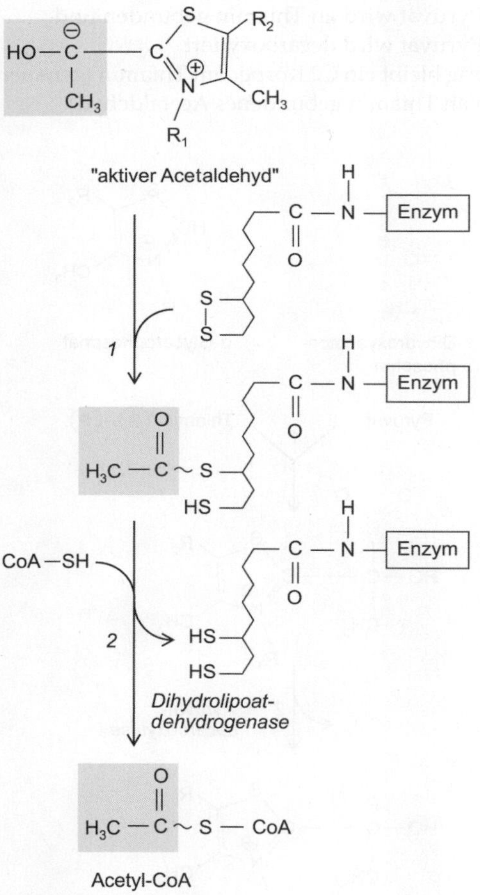

Abb. 27: Pyruvatdehydrogenasereaktion Teil 2

2.1.3 PDH-Reaktion Teil 3: Regeneration der Coenzyme

Und wie sollte es anders sein, auch dieser Teil enthält zwei Schritte:
1 Dihydroliponamid wird durch FAD zu Liponsäure oxidiert (= dehydriert).
2 $FADH_2$ wird durch NAD oxidiert.
Es entsteht $NADH+H^+$.

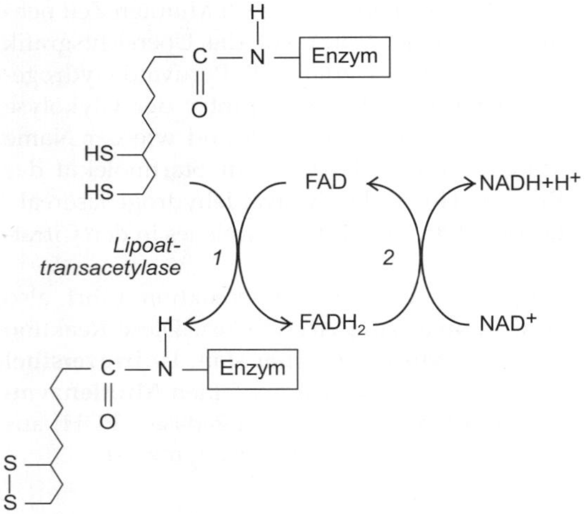

Abb. 28: Pyruvatdehydrogenasereaktion Teil 3

Übrigens...

Eigentlich sollte man an dieser Stelle stutzen. FAD hat nämlich ein positiveres Redoxpotential (s. S. 9) als NAD^+ und ist daher normalerweise NICHT in der Lage NAD^+ zu NADH und H^+ zu reduzieren. Der Grund, warum es hier dennoch geht, ist das FAD-tragende Enzym selbst: Die Dihydroliponamid-Dehydrogenase hat ein negativeres Redoxpotential als das NAD^+/NADH und kann folglich etwas, was die anderen FAD-Enzyme nicht können: Sie reduziert NAD^+ mit $FADH_2$.

2.1.4 Gesamtablauf der PDH-Reaktion

Nach der Besprechung der Pyruvatdehydrogenasereaktion in Stückchen kommen ihre Reaktionen nun der besseren Übersicht zuliebe noch mal komplett zum Lernen:

1 Pyruvat wird an Thiamin gebunden.
2 Es folgt eine Decarboxylierung.
3 Der C2 Körper wird an Liponsäure gebunden, und dabei zu einem Acetyl-Rest oxidiert.
4 Der Acetyl-Rest wird an CoA gebunden.
5 Dihydroliponamid wird durch FAD oxidiert.
6 $FADH_2$ wird durch NAD^+ oxidiert.

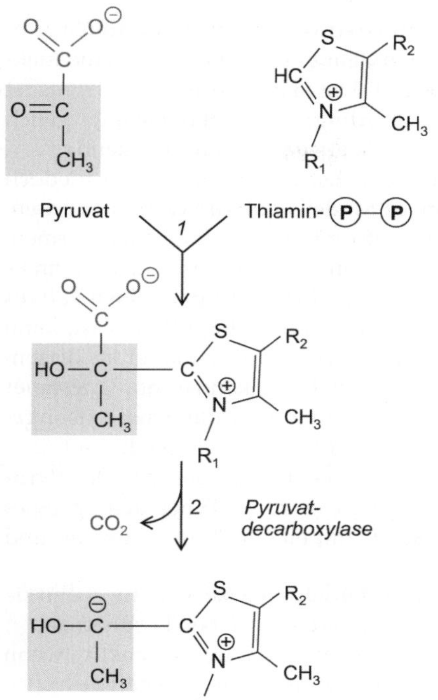

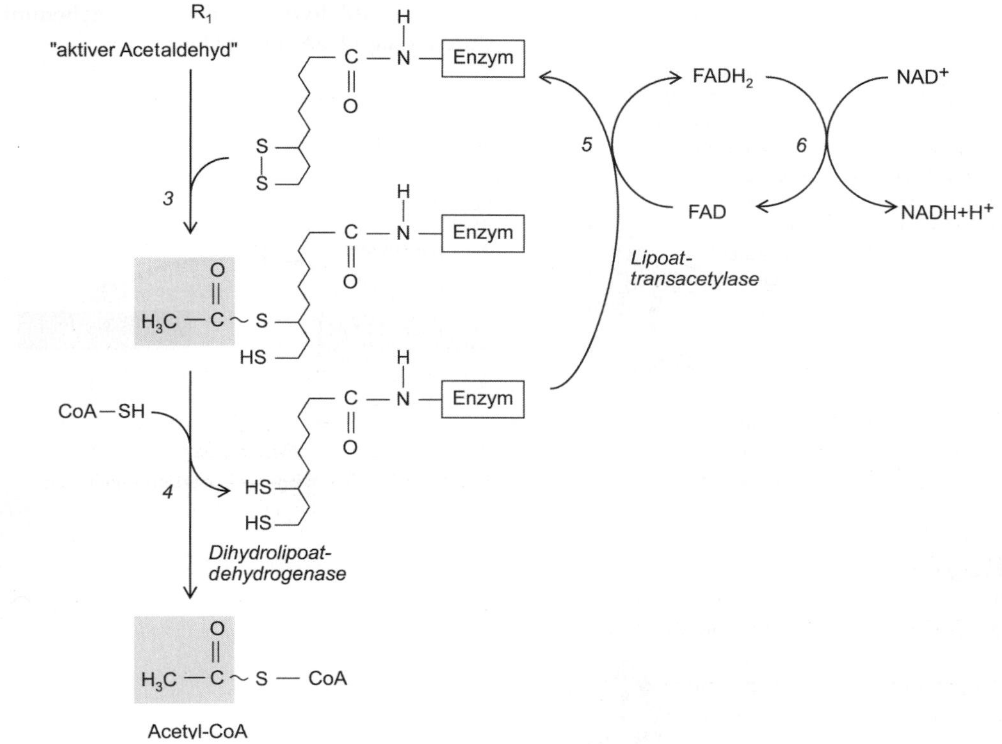

Abb. 29: Pyruvatdehydrogenasereaktion komplett

Pyruvatdehydrogenasereaktion

MERKE:
- Pyruvat + CoA + NAD⁺ reagieren zu Acetyl CoA + CO_2 + NADH+H⁺.
- Thiamindiphosphat wird unbedingt gebraucht; bei Vitamin B_1 Mangel kommt es daher zu einer Störung der Pyruvatverwertung.
- CoA ist ebenfalls essentiell.
- $FADH_2$ kann ausnahmsweise mit NAD⁺ regeneriert werden (= es werden beide Coenzyme benötigt).
- Die Pyruvatdehydrogenasereaktion Reaktion ist irreversibel.

Übrigens...
- Die Pyruvatdehydrogenasereaktion hat noch einen Zweitnamen: Pyruvat ist eine α-Ketosäure und in dieser Reaktion findet eine Dehydrierung (= Oxidation) und eine Decarboxylierung statt. Daher lautet der Zweitname: Oxidative Decarboxylierung von α-Ketosäuren oder auch noch genauer: Dehydrierende Decarboxylierung von α-Ketosäuren. Dieser Begriff ist allgemeiner und umfasst z.B. auch die Decarboxylierung von α-Ketoglutarat, die im Citratcyclus eine wichtige Rolle spielt und die gleichen Coenzyme benötigt (s. 3.1.1, S. 28).
- Die Pyruvatdehydrogenasereaktion ist irreversibel. Eine Tatsache, die man nicht oft genug betonen kann, denn sie hat weitreichende Konsequenzen: Sie ist z.B. die Begründung dafür, warum **Fett nicht mehr in Glucose umgewandelt werden kann**. Im Physikum wird dieser Fakt immer wieder gerne versteckt gefragt und mit ein bisschen Logik kann man sich damit das Lernen vieler Details ersparen.

MERKE:
Acetyl CoA kann niemals zu Pyruvat carboxyliert werden; nicht, wenn es dem Citratcyclus entnommen wird und auch nicht für die Gluconeogenese.

2.2 Regulation
Fast alle Fragen im Physikum zur Pyruvatdehydrogenasereaktion handeln von ihrer Regulation. Auch wenn man es leid ist, sich mit Kinasen und sämtlichen anderen Regulatoren zu beschäftigen. DIESE REGULATION IST EINFACH WICHTIG.

Die Pyruvatdehydrogenase ist ein Multienzymkomplex, von dem es eine aktive und eine inaktive Form gibt. Die aktive Form des Enzyms ist aber nicht unbedingt mit „funktionsfähig" gleich zu setzen, da sie auch gehemmt sein kann.
Das klingt zunächst etwas unlogisch, ist jedoch anhand eines Modells gut zu veranschaulichen: Bei einem Auto gibt es zwei Zustandsformen: Es ist entweder an- oder ausgeschaltet. Wenn es ausgeschaltet ist, fährt es auf gar keinen Fall (es ist also inaktiv). Wenn es angeschaltet ist, kann es fahren (es ist somit aktiv). Hängt an diesem Auto noch ein Anhänger, kann es nur langsamer fahren als ohne. Es ist zwar dann aktiv, aber gehemmt, also in der Funktion eingeschränkt.
Zurück zur Pyruvatdehydrogenase: Die Pyruvatdehydrogenase wird in Ermangelung eines Zündschlüssels mit einem Phosphatrest an und abgeschaltet:

- Die **Pyruvatdehydrogenase** ist **aktiv**, wenn sie **dephosphoryliert** ist (= ohne Phosphatrest).
- Die Pyruvatdehydrogenase ist inaktiv, wenn sie phosphoryliert ist (= mit Phosphatrest).

Die **Pyruvatdehydrogenase** wird **gehemmt** durch **Acetyl CoA** und **ATP**.

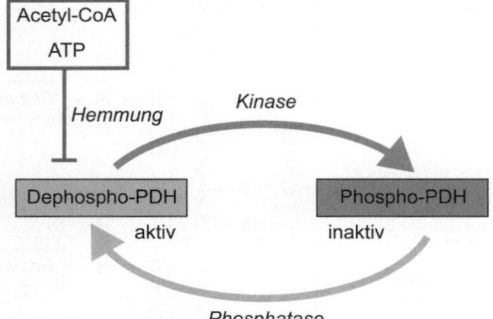

Abb. 30: Pyruvatdehydrogenasereaktion Regulation

Die Pyruvatdehydrogenase ist also nicht nur ein Multienzymkomplex, sondern sie enthält sogar noch ihre eigenen Regulationsenzyme. Der Komplex ist aktiv, wenn er dephosphoryliert ist und inaktiv wenn er phosphoryliert ist. Diese Interkonvertierung (= reversible enzymatische Modifikation) findet innerhalb des Multienzymkomplexes statt und ist NICHT cAMP gesteuert wie die meisten anderen Enzymregulationen.

Übrigens...
- Die Phosphorylierung der Pyruvatdehydrogenase findet an einem Serylrest statt (danach ist im schriftlichen Examen bis jetzt einmal gefragt worden).
- Die Hemmung der Pyruvatdehydrogenase durch Acetyl CoA und ATP hat durchaus seinen Grund: Diese beiden Moleküle signalisieren Energieüberschuss. In dieser Situation macht ein weiterer Pyruvatabbau keinen Sinn. Pyruvat kann jetzt viel besser zur Gluconeogenese genutzt werden.

MERKE:
- Die Interkonvertierung der PDH ist NICHT cAMP gesteuert, sondern integraler Bestandteil des PDH Komplexes.
- Die PDH ist in dephosphorylierter Form aktiv.
- ATP und Acetyl CoA hemmen die aktive PDH.

BASICS MÜNDLICHE

Beschreiben Sie bitte die Pyruvatdehydrogenasereaktion in Stichworten.
s. Gesamtablauf Pyruvatdehydrogenasereaktion S. 23.

Wie ist die Pyruvatdehydrogenase reguliert?
Die Pyruvatdehydrogenase wird über reversible Phosphorylierung reguliert. Sie ist im dephosphorylierten Zustand aktiv und im phosphorylierten Zustand inaktiv. Zusätzlich kann sie noch von Acetyl-CoA und ATP gehemmt werden.

Warum kann der menschliche Organismus Fett nicht in Zucker umwandeln?
Die Pyruvatdehydrogenasereaktion ist irreversibel, Acetyl CoA (z.B. aus der β-Oxidation) kann somit nicht zur Gluconeogenese verwendet werden.

DAS BRINGT PUNKTE

Aus diesem Abschnitt sollte man sich unbedingt merken, dass
- die Pyruvatdehydrogenasereaktion **IRREVERSIBEL** ist.
- **Thiamindiphosphat** ein **benötigtes** Coenzym ist.
- die Pyruvatdehydrogenase **dephosphoryliert aktiv** ist.
- **ATP und Acetyl CoA** die Pyruvatdehydrogenase **hemmen**.
- die **Regulation der PDH NICHT cAMP** gesteuert, sondern integraler Bestandteil des Multienzymkomplexes ist.

3 Citratcyclus

Einigen mag er in der Schule schon begegnet sein, manche mit Bio-LK mussten ihn dort vielleicht schon mal lernen und erinnern sich mit Grausen an dieses Wirrwarr von Molekülen, die ineinander umgewandelt werden, ohne dahinter einen wirklichen Sinn zu sehen. Doch wie so oft, ist es beim näheren Hinschauen gar nicht mehr so schlimm: Im Citratcyclus wird nämlich einfach der letzte Schritt der Nahrungsverwertung vollzogen und die dabei entstehende **Energie** in Form von **NADH+H⁺ und FADH$_2$** gespeichert. Zudem ist er auch nicht ganz so unübersichtlich, wie er im ersten Moment scheinen mag, denn man kann ihn sehr gut systematisieren (s. 3.1).

Bevor es gleich zu den einzelnen Reaktionen geht, solltet ihr wieder einen Blick auf die Übersicht (s. S. 1) werfen. Der Citratcyclus bildet einen Pool, in den die Abbauwege der drei Hauptnährstoffe münden:

- Die Fette werden über die β-Oxidation zu Acetyl CoA abgebaut.
- Die Kohlenhydrate werden über die Glykolyse und die Pyruvatdehydrogenasereaktion zu Acetyl CoA abgebaut.
- Die meisten Proteine/Aminosäuren fließen über die Pyruvatdehydrogenasereaktion oder direkt in den Citratcyclus ein.

Im Citratcyclus wird dieses Acetyl CoA zu CO_2 und Energie oxidiert oder genauer: Im Citratzyklus wird Acetyl-CoA oxidiert zu CoA-SH, CO_2 und Reduktionsäquivalenten in Form von NADH+H⁺ und FADH$_2$.

Er findet – wie auch die Pyruvatdehydrogenasereaktion – innerhalb der Mitochondrien statt und wird auch als Drehscheibe des Stoffwechsels bezeichnet. Der Grund dafür sind seine zahlreichen Zwischensubstrate, die sowohl Ausgangsmaterial für Synthesen als auch Endprodukte von Abbauwegen sind.

MERKE:
- Der Citratcyclus ist die Drehscheibe des Stoffwechsels.
- Acetyl CoA wird zu $2CO_2$ und Energie „abgebaut".
- Der Citratcyclus ist im Mitochondrium lokalisiert.
- Er ist die Endstrecke der Nahrungsmittelverwertung.

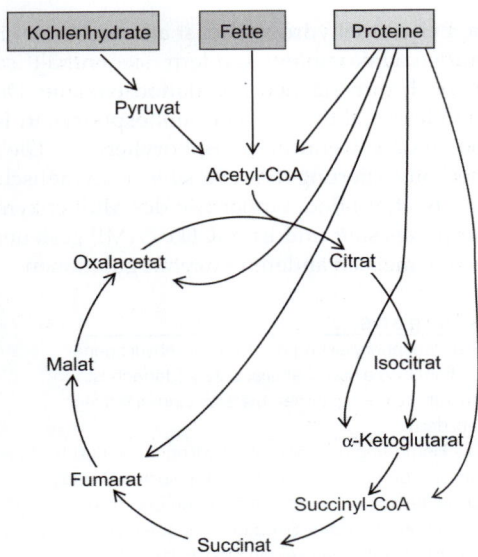

Abb. 31: Citratcyclus Überblick

Dieses Kapitel handelt im Einzelnen von
- dem Ablauf oder was während des Zyklus passiert.
- der Energiebilanz oder was bei dem ganzen Zirkus rausspringt.
- seiner Regulation.
- seinen anabolen Aufgaben.
- den anaplerotischen Reaktionen (= der Nahrung für den Citratcyclus).

3.1 Der Ablauf oder was passiert hier eigentlich?

Jetzt fragt sich der logisch denkende Mensch: Wozu so viele Zwischenschritte, wenn letzten Endes nur ein kleines Acetyl-CoA zu CO_2 abgebaut wird? Nun, das ist eben nicht alles. Die Zelle hat mit diesem Zyklus mehrere Möglichkeiten:
- Sie speichert die freiwerdende Energie in Form der Reduktionsäquivalente NADH+H⁺ und FADH$_2$.
- Sie startet von diesem Zyklus aus zahlreiche Synthesewege (= anabole Aufgaben, s. 3.4, ab S. 33).

Der Ablauf oder was passiert hier eigentlich? | 27

Um die ganze Bandbreite seiner Funktionen zu verstehen, bleibt einem nichts anderes übrig, als sich den genauen Ablauf des Citratcyclus anzusehen.

Dazu erst mal wieder ein kleines Modell (s. Abb. 32). Man stelle sich vor:
- Molekül 1 (rund, hellgrau) soll abgebaut werden.
- Dies geht nur, wenn Molekül 2 (rechteckig, dunkelgrau) dabei ist.
- Beide Moleküle lagern sich also aneinander und
- werden gemeinsam gespalten.
- Molekül 1 ist abgebaut,
- Molekül 2 muss regeneriert werden.

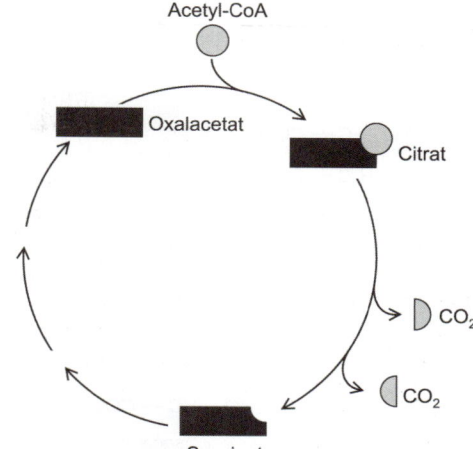

Einteilung des Citratcyclus in zwei Teile:
1 Abbau von Acetyl-CoA und Bildung von Succinat.
2 Regeneration von Oxalacetat aus Succinat.

Abb. 33: Grundgerüst Modell Citratcyclus

3.1.1 Teil 1 des Citratcyclus: Acetyl-CoA-Abbau

Im ersten Teil des Citratcyclus – dem Acetyl CoA Abbau – passiert grob folgendes:

Oxalacetat und Acetyl CoA kondensieren zu Citrat.
- Es wird zweimal decarboxyliert (= - $2CO_2$).
- Es entsteht Succinat.

Nun kommen die einzelnen Schritte en detail:

Schritt 1: Die Kondensation (weil H₂O-Verbrauch)
Dabei verknüpft die Citrat-Synthase Oxalacetat und Acetyl CoA zu Citrat.

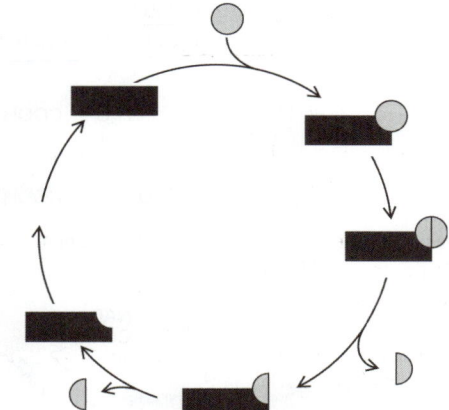

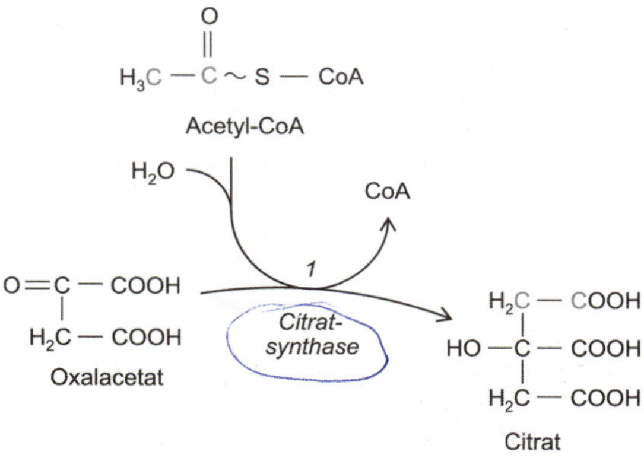

Abb. 32: Citratcyclus Schema

Soviel zum Modell, jetzt zur Realität: Auch Acetyl-CoA wird nicht alleine abgebaut. Im ersten Teil des Citratcyclus lagert es sich mit Oxalacetat zu Citrat zusammen und der Acetyl-Rest wird abgebaut. Dabei entsteht Succinat. Im zweiten Teil muss Oxalacetat aus Succinat dann wieder regeneriert werden.

Abb. 34: Citratcyclus Schritt 1

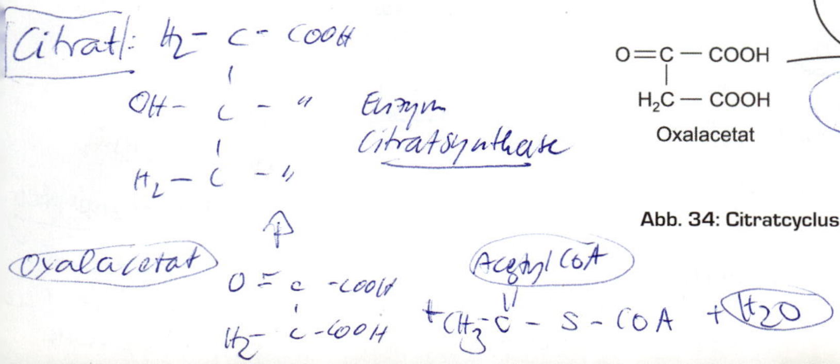

Citratcyclus

Schritt 2: Die Isomerisierung
Hier wird Citrat zu Isocitrat umgelagert.

Abb. 35: Citratcyclus Schritt 2

Übrigens...
Im Physikum bitte nicht aufs Glatteis führen lassen: Dieser Schritt ist nicht besonders aufregend, es findet wirklich nur eine **Umlagerung** statt.

Schritt 3: Die Dehydrierung und Decarboxylierung
- Isocitrat wird jetzt decarboxyliert und dehydriert.
- Die Wasserstoffatome werden auf **NAD⁺** übertragen.
- Dabei entsteht α-Ketoglutarat,
- das Enzym heißt Isocitratdehydrogenase.

Abb. 36: Citratcyclus Schritt 3

Schritt 4: Die Oxidative Decarboxylierung von α-Ketoglutarat
Dieser Schritt sollte einem schon bekannt vorkommen: Es ist der gleiche Mechanismus wie bei der Pyruvatdehydrogenasereaktion mit allen dazugehörigen Enzymen und Coenzymen, wie z.B. dem Liponsäureamid und Thiamindiphosphat (s. S. 21). Der einzige Unterschied liegt im Grundgerüst der Kohlenstoffkette, die hier eben eine HCH₂-Gruppe länger ist und am Ende noch eine zusätzliche Carboxylgruppe trägt.
- Auch α-Ketoglutarat wird decarboxyliert und dehydriert.
- Die Wasserstoffatome werden ebenfalls auf **NAD⁺** übertragen.
- Das Reaktionsprodukt wird an CoA gehängt, wodurch Succinyl-CoA entsteht.
- Enzym ist die α-Ketoglutaratdehydrogenase.

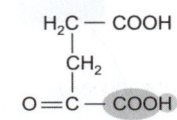

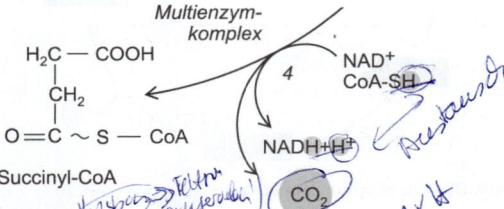

Abb. 37: Citratcyclus Schritt 4

Übrigens...
Das beim Schritt 4 entstehende Succinyl-CoA hat auch eine sehr zentrale Stoffwechselrolle: Succinyl-CoA
- ist ein Metabolit des Citratcyclus (α-Ketoglutaratdehydrogenase, Succinyl-CoA Synthetase = Succinat Thiokinase)
- ist ein Baustein für die Porphyrinsynthese (δ-Aminolävulinat-Synthase)
- ist wichtig für den Fettstoffwechsel: es ist beteiligt
  - am Abbau der ungeradzahligen Fettsäuren (L-Methyl-Malonyl-CoA-Isomerase) über Propionsäure (NICHT der geradzahligen)
  - am Abbau von Ketonkörpern (3-Ketoacyl-CoA-Transferase)

Schritt 5: Die Abspaltung von CoA

- Von Succinyl-CoA wird das CoA abgespalten, wobei eine energiereiche Thioesterbindung aufbricht (s. 1.3.2, S. 13).
- Die dabei frei werdende Energie wird zur GTP-Synthese genutzt. Diese Form der Bildung eines energiereichen Triphosphats, bezeichnet man als **Substratkettenphosphorylierung** (vgl. 4.4 oxidative Phosphorylierung, S. 44).
- Das zuständige Enzym ist die Succinyl-CoA Synthetase = Succinat Thiokinase.

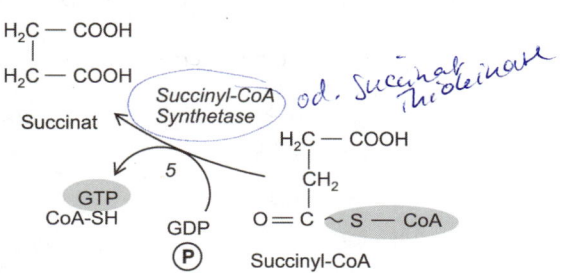

Abb. 38: Citratcyclus Schritt 5

Übrigens...

Hier ein Exkurs zur Substratkettenphosphorylierung fürs Mündliche:
Beim Abbau von Nährstoffen gibt es im Körper zwei Mechanismen zur ATP Synthese aus ADP und Phosphat:
1. die Substratkettenphosphorylierung und
2. die oxidative Phosphorylierung (= Atmungskette s. 4.4, S. 44)

Die Substratkettenphosphorylierung trägt ihren Namen aus dem Grund, da die Phosphorylierung von ADP während Teilschritten von Stoffwechselwegen (= Substratketten) stattfindet. Dies passiert
- in der Glykolyse (Enzym = Glyceral-3-phosphat-Dehydrogenase) und
- im Citratcyclus (Vorsicht, hier wird GTP gebildet...).

Auf den Mechanismus der GTP-Synthese gehen wir jetzt mal genauer ein:
Succinyl-CoA enthält eine energiereiche Thioesterbindung. Im vorne beschriebenen Reaktionsschritt wird diese Bindung gespalten und die dabei frei werdende Energie zur Knüpfung von Phosphat an Succinyl verwendet, CoA wird dabei freigesetzt. Dieses Phosphat wird in einer zweiten Reaktion von Succinyl-Phosphat auf GDP übertragen, wobei Succinat und GTP entstehen.

Succinyl-CoA + GDP + Phosphat
↓
Succinyl-Phosphat + GDP + CoA
↓
Succinat + GTP + CoA

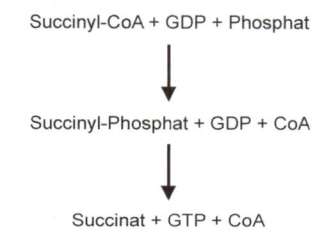

Abb. 39: genauer Mechanismus der GTP-Synthese

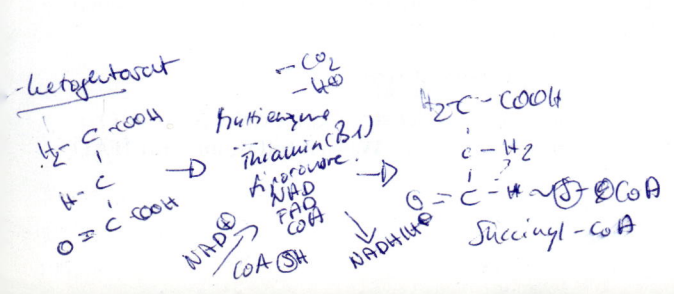

Zusammenfassung Citratcyclus Teil 1

Merke:
- Im ersten Schritt wird ein Acetyl-CoA in den Citratcyclus gebracht.
- Acetyl CoA wird formal vollständig zu $2CO_2$ oxidiert (= Acetyl CoA löst sich also quasi in Luft auf...).
- Es entsteht Succinat, $2NADH+H^+$ und 1GTP.
- Citrat wird nur umgelagert zu Isocitrat, es findet KEINE Oxidation oder sonstige Reaktion statt.
- Die Isocitratdehydrogenase verwendet NAD^+ als Coenzym.
- Die dehydrierende Decarboxylierung von α-Ketoglutarat entspricht dem Mechanismus der Pyruvatdehydrogenasereaktion mit allen dort verwendeten Coenzymen (s. Kap. 2, ab S. 21).
- Succinyl-CoA wird durch die Succinat-CoA Synthetase = Succinat Thiokinase umgesetzt.
- Regeneration ist die Aufgabe von Teil 2 des Citratcyclus.

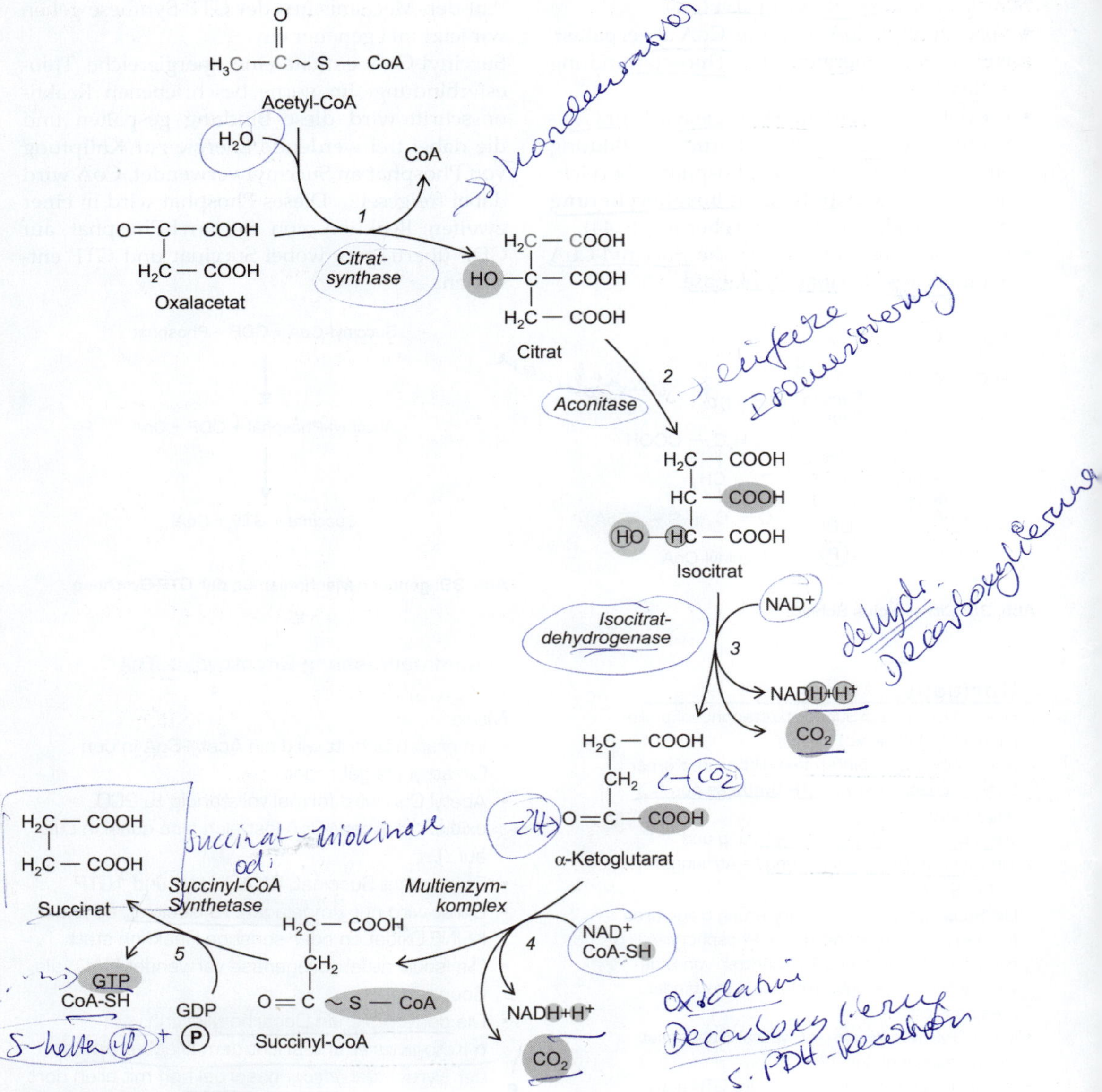

Citratcyclus

Abb. 40: Citratcyclus Teil 1

3.1.2 Teil 2 des Citratcyclus: Oxalacetat-Regeneration

Zyklen haben die Eigenschaft, dass sie immer wieder von vorne anfangen. Das weiß man spätestens, nachdem man in der Schule mal Zirkeltraining gemacht hat.
Für den Citratcyclus bedeutet das, dass er vom Succinat wieder zu seinem Ausgangsmolekül – dem Oxalacetat – kommen muss. Den Mechanismus kennt man vielleicht schon: Es sind die ersten drei Reaktionen der β-Oxidation (s. Skript Biochemie 7).
Die Regenerationsschritte des Citratcyclus sehen so aus:

Schritt 6: Die Oxidation

Hier wird zunächst Succinat dehydriert (= Oxidation) und die **Wasserstoffatome auf FAD** übertragen. Dabei entsteht die **ungesättigte** Verbindung Fumarat und FADH$_2$. Das Enzym ist die **Succinatdehydrogenase**.

Abb. 41: Citratcyclus Schritt 6

Übrigens...
Die Succinatdehydrogenase katalysiert den ersten Schritt der Regeneration im Citratcyclus und ist Teil des Komplexes II der Atmungskette (s. S. 39). Daher ist dieser Schritt besonders wichtig.

Schritt 7: Die Addition
Durch Addition von H$_2$O wird Fumarat zu Malat.

Abb. 42: Citratcyclus Schritt 7

Übrigens...
Das im Harnstoffcyclus gebildete Fumarat fließt hier zur Regeneration in den Citratcyclus ein.

Schritt 8: Die Oxidation
Im letzten Schritt entsteht durch Dehydrierung von Malat wieder Oxalacetat. Die Reduktionsäquivalente werden dabei auf NAD$^+$ übertragen, das durchführende Enzym ist die Malatdehydrogenase.

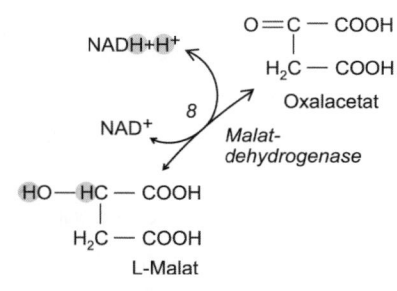

Abb. 43: Citratcyclus Schritt 8

Übrigens...
Die Reaktion ist die gleiche wie beim Malat-Shuttle (s. S. 16).

Zusammenfassung Citratcyclus Teil 2
MERKE:
- Oxalacetat wird regeneriert.
- Es entsteht 1 FADH$_2$ und 1 NADH+H$^+$.
- Die Succinatdehydrogenase ist FAD abhängig.

Abb. 44: Citratcyclus Teil 2

3.1.3 Citratcyclus gesamt

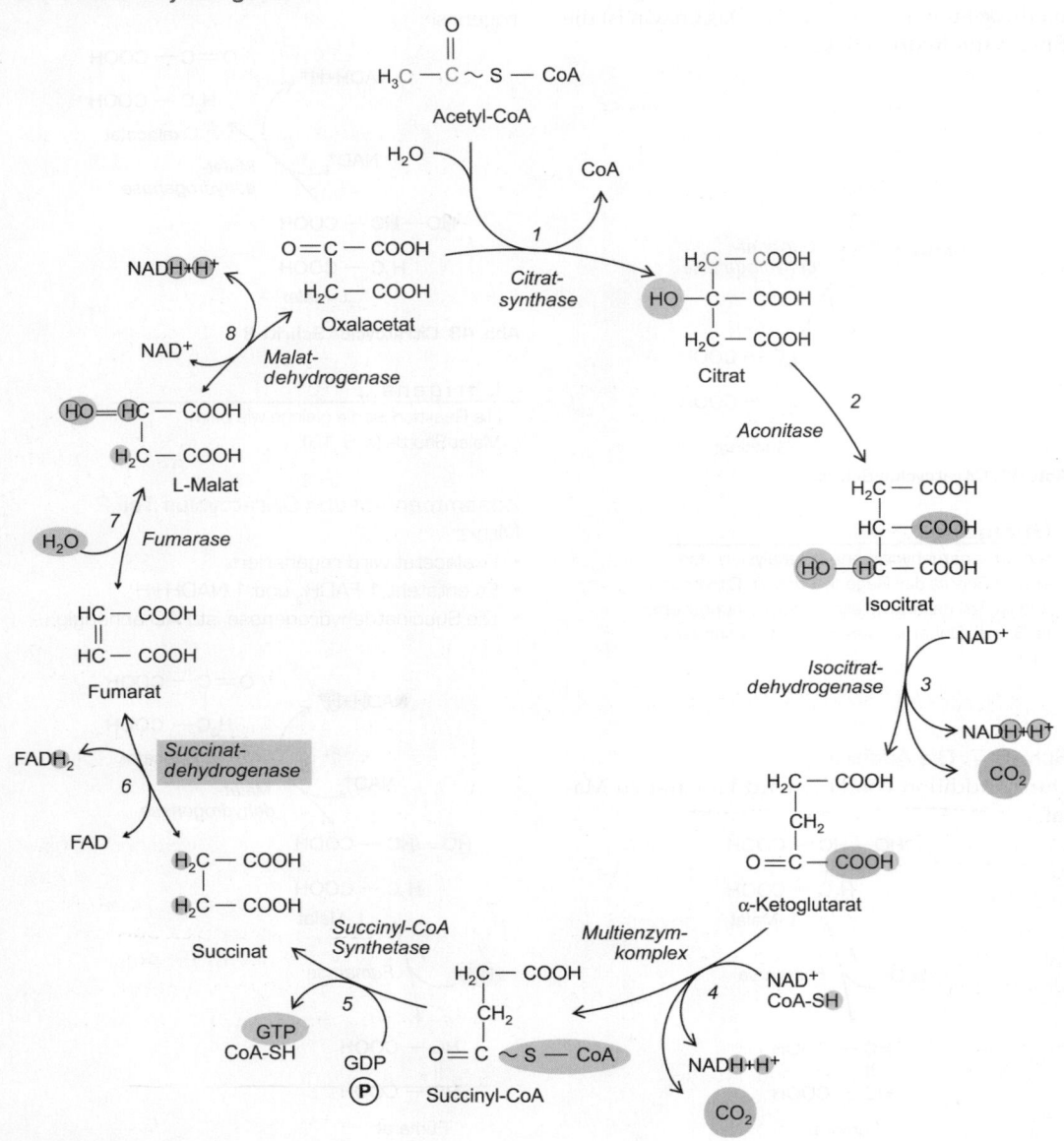

Abb. 45: Citratcyclus gesamt

Übrigens...

- Im Citratcyclus wird Acetyl CoA formal vollständig zu $2CO_2$ oxidiert. In der Tat bildet der Citratcyclus zusammen mit der Pyruvatdehydrogenasereaktion mit Abstand den größten Anteil des 1 kg Kohlendioxid, das täglich über die Lunge abgeatmet wird.

- Nicht nur für passionierte Bastler empfiehlt sich folgendes Vorgehen, um das Erlernen des Citratcyclus etwas zu erleichtern und ein bisschen amüsanter zu gestalten:
Die einzelnen Substrate des Zyklus aufzeichnen, die Moleküle mischen und daraus versuchen, den Zyklus wieder zu rekonstruieren.

3.2 Die Energiebilanz oder was springt bei dem ganzen Zirkus raus?

Wenn man die während des Ablaufs entstandenen reduzierten Coenzyme zusammenzählt, kommt man auf:
- 3 NADH+H$^+$ =
  - 1 NADH+H$^+$ Isocitratdehydrogenase
  - 1 NADH+H$^+$ α-Ketoglutaratdehydrogenase
  - 1 NADH+H$^+$ Malatdehydrogenase
- 1 FADH$_2$ Succinatdehydrogenase

Durch die Oxidation dieser Redoxcoenzyme in der Atmungskette werden daraus ca. 9 ATP synthetisiert (s. 4.5, S. 44). Dazu addiert sich noch das GTP, dessen Synthese durch die Succinyl CoA Synthetase = Succinat Thiokinase katalysiert wird (s. S. 29) und das energetisch einem ATP entspricht.

Im Citratcyclus entstehen also durch die Oxidation der reduzierten Coenzyme in der Atmungskette mit dem dazugerechneten GTP **pro durchgesetztem Acetyl CoA 10 Moleküle ATP**.

MERKE:
Die Oxidation eines Acetyl CoA im Citratcyclus führt zur Bildung von 10 ATP.

3.3 Citratcyclus Regulation

Es gibt drei Enzyme, an denen die Umsatzgeschwindigkeit des Citratcyclus reguliert wird und die auch alle gerne im Physikum gefragt werden. Die Aktivatoren und Inhibitoren dieser Enzyme kann man getrost vernachlässigen.

Diese drei Enzyme sind:
1 Die Citrat-Synthase = das Enzym, das den ersten Schritt des Citratcyclus katalysiert:
  Oxalacetat + Acetyl CoA → Citrat.
2 Die Isocitratdehydrogenase = das Enzym, das den zweiten Schritt des Citratcyclus katalysiert:
  Isocitrat – CO_2 – 2H → α-Ketoglutarat.
3 Die Succinatdehydrogenase (Inaktivator = Malonat) = das Enzym, das auch Bestandteil der Atmungskette (s. S. 39) ist:
  Succinat -2H → Fumarat.

Insgesamt kann man also festhalten, dass die Regulation des Citratcyclus an seinen ersten beiden Enzymen und seinem gemeinsamen Enzym mit der Atmungskette vollzogen wird.

3.4 Anabole Aufgaben, denn der Citratcyclus kann noch mehr

Wie schon erwähnt, hat der Citratcyclus nicht nur abbauende, sondern auch aufbauende Funktionen. Seine zahlreichen Zwischensubstrate fließen nämlich in einige Stoffwechselwege ein. Für das Physikum sind dabei folgende Synthesen besonders wichtig:

- Der Citratcyclus liefert das Grundgerüst für viele nicht-essentielle Aminosäuren.
  - Aus α-Ketoglutarat wird durch Transaminierung Glutamat (= Glutaminsäure) und daraus entsteht durch Decarboxylierung der wichtige Transmitter GABA.
    α-Ketoglutarat → Glutamat → GABA.
  - Aus Oxalacetat wird durch Transaminierung Aspartat.
    Oxalacetat → Aspartat.

Succinyl CoA wird dem Citratcyclus für die **Häm-Synthese** entnommen (= Porphyrinsynthese). Der erste Schritt der Häm-Synthese besteht aus der Kondensation von Succinyl CoA und Glycin zu **δ-Aminolaevulinsäure**.

Citrat wird für die **Fettsäuresynthese** und die **Cholesterinsynthese** entnommen.

Übrigens...
Falls jemand bei Punkt 3 stutzt und denkt, braucht man für die Fettsäuresynthese nicht Acetyl CoA, so hat er recht. Aber wie schon im Kap. 1.4, ab S. 14 besprochen, ist die innere Mitochondrienmembran für Acetyl CoA undurchlässig. Daher der Umweg über Citrat, das die Membran passieren kann. Im Zytosol wird Citrat dann durch die Citrat-Lyase zu Oxalacetat und Acetyl CoA gespalten, wobei letzteres für die Fettsäure- und die Cholesterinsynthese zur Verfügung steht.

Citratcyclus

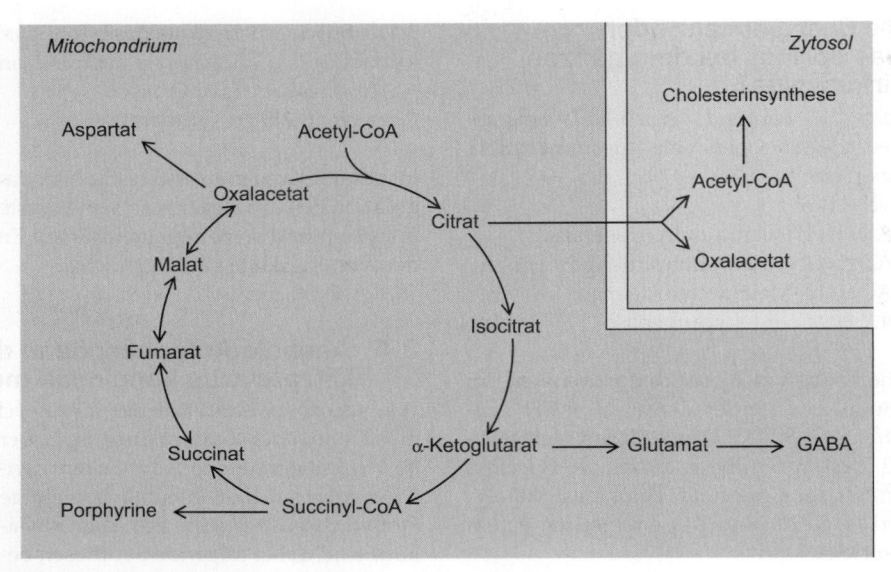

Abb. 46: Citratcyclus, anabole Aufgaben

NICHT zu den anabolen Aufgaben des Citratcyclus gehören dagegen:
- Die Bereitstellung von Acetyl-CoA für die Gluconeogenese. Grund ist wieder die irreversible Pyruvatdehydrogenasereaktion (s. 2.1.4, S. 24). Also noch mal: Acetyl-CoA kann NIEMALS für die Gluconeogenese verwendet werden. Auch nicht, wenn es jedes Jahr im Physikum als Möglichkeit des Citratcyclus angepriesen wird.

MERKE:
Der Citratcyclus liefert
- das Grundgerüst der nicht-essentiellen Aminosäuren, z.B. α-Ketoglutarat für Glutamat.
- Succinyl CoA für die Häm-Synthese (= Porphyrine).
- Citrat für die Fettsäuresynthese (= Acetyl-CoA Transport).

3.5 Anaplerotische Reaktionen = Nahrung für den Citratcyclus

Was um alles in der Welt verbirgt sich wohl hinter diesem wichtig scheinenden Begriff? Tja, wenn man immer nur Geld ausgibt, ohne dass das Konto wieder aufgefüllt wird, ist man relativ schnell pleite. Da geht es dem Citratcyclus auch nicht anders. Er gibt zwar kein Geld aus, aber viele seiner Zwischensubstrate an die oben genannten Biosynthesen ab. Sein Konto an Zwischensubstraten wird durch anaplerotische Reaktionen wieder gefüllt. Dieser Begriff scheint also nicht nur wichtig, er ist es auch: Gäbe es diese Reaktionen nämlich nicht, würde der Citratcyclus bei Biosynthesen und der damit verbundenen Entnahme von Zwischensubstraten zum Erliegen kommen. Das wäre die Katastrophe für unseren Energiehaushalt und akut lebensbedrohlich.

Von größter Bedeutung dieser auffüllenden Reaktionen und die einzige bisher gefragte ist die **Pyruvat-Carboxylasereaktion**: Pyruvat reagiert dabei mit CO_2 unter ATP-Verbrauch zu Oxalacetat.

$$\text{Pyruvat} + CO_2 + \text{ATP} \xrightleftharpoons{\text{Pyruvat-Carboxylase}} \text{Oxalacetat} + \text{ADP} + P$$

Merke:
Die Pyruvat-Carboxylasereaktion ist eine anaplerotische Reaktion, die von der Pyruvat-Carboxylase katalysiert wird.

DAS BRINGT PUNKTE

Was sollte man sich also zum Thema Citratcyclus unbedingt merken? Gut punkten lässt sich, wenn man weiß, dass
- NAD^+ von der Isocitratdehydrogenase, der α-Ketoglutaratdehydrogenase und der Malatdehydrogenase als Coenzym verwendet wird.
- Die Succinatdehydrogenase FAD als Cosubstrat hat.
- Citrat dem Citratcyclus für die Fettsäure- und Cholesterinsynthese entnommen wird.
- α-Ketoglutarat dem Citratcyclus für die Synthese von Glutamat und GABA entnommen wird.
- Succinyl CoA ein Baustein für die Porphyrinsynthese ist.
- die Pyruvat-Carboxylase die anaplerotische Reaktion zur Bildung von Oxalacetat katalysiert.

BASICS MÜNDLICHE

Welche Stellung hat der Citratcyclus im Stoffwechsel?
Der Citratcyclus ist die Endstrecke der Nährstoffverwertung. Die Nährstoffe werden auf speziellen Wegen zu Acetyl-CoA abgebaut und fließen so in den Citratcyclus ein. Acetyl-CoA wird dort zu CO_2 und Energie oxidiert.
Neben dieser wichtigen katabolen Aufgabe ist der Citratcyclus auch noch für unzählige Substratlieferungen an andere Stoffwechselwege zuständig. Er hat also anabole Aufgaben inne wie z.B. bei der Häm Synthese, dem Aminosäurestoffwechsel und der Fettsäuresynthese.

Stellen Sie mir bitte grob den Ablauf des Citratcyclus dar.
Der Citratcyclus lässt sich gut in zwei Teile splitten, zuerst reagiert Acetyl CoA mit Oxalacetat zu Citrat, nach zweimaliger Decarboxylierung entsteht Succinat. Succinat wird dann im zweiten Teil wieder zu Oxalacetat oxidiert.

In welcher Form wird Energie im Citratcyclus gewonnen?
Im Citratcyclus wird Energie in Form von reduzierten Coenzymen gewonnen. Bei ihrer Oxidation in der Atmungskette wird ATP synthetisiert. Die reduzierten Coenzyme sind $NADH+H^+$ und $FADH_2$. Außerdem wird im Citratcyclus noch direkt ein GTP gewonnen.

Man bezeichnet den Citratcyclus auch als Drehscheibe des Stoffwechsels. Erklären Sie mir bitte warum.
Der Citratcyclus hat nicht nur katabole, sondern auch anabole Funktionen. Neben der Verwertung von Acetyl CoA und der damit verbundenen ATP Synthese in der Atmungskette ist er Lieferant für die Ausgangsmoleküle vieler Biosynthesen wie z.B. des Succinyl-CoA, das in die Porphyrinsynthese einfließt, dem Citrat für die Fettsäuresynthese und dem Grundgerüst der nicht-essentiellen Aminosäuren.

Erklären Sie bitte den Begriff: anaplerotische Reaktionen.
Anaplerotische Reaktionen sind auffüllende Reaktionen. Die Konzentration der Zwischensubstrate des Citratcyclus ist relativ gering, so dass er bei Biosynthesen zum Erliegen kommen würde. Deswegen muss der Citratcyclus regelmäßig durch anaplerotische Reaktionen aufgefüllt werden. Die Wichtigste davon ist die Pyruvat-Carboxylasereaktion.

ZEIT FÜR NE ANAPLEROTISCHE PAUSE

4 Atmungskette, oder warum atmen wir eigentlich?

Die Frage nach dem Grund für unsere Sauerstoffabhängigkeit ist berechtigt. Hat man sich doch in der Physiologie elendig lang mit der Lunge und der Sauerstoffaufnahme beschäftigt und den Spruch „Nahrung wird mit Sauerstoff verbrannt" auch mehr als einmal hören müssen. Dafür, dass er überall als Protagonist angekündigt war, ist die Rolle des Sauerstoffs bisher relativ mager ausgefallen. Das wird sich aber jetzt mit Besprechung der Atmungskette ändern.

Der Eine oder Andere wird an dieser Stelle vielleicht denken, dass nun das große Übel unabwendbar ist. Der Begriff Atmungskette schwirrt ja schon lange, bevor man sich mit diesem Kapitel befasst, durch den biochemischen Raum: ....„Ja, und in der Atmungskette, da entsteht dann ATP"... Niemand weiß genau, was sich dahinter verbirgt, aber doch soviel, dass diese energieliefernde Kette wichtig und nicht ganz einfach ist. Um einen sanften Einstieg in das Thema zu gewährleisten, kommt auch an dieser Stelle zunächst ein Modell. Wenn man sich darauf einlassen kann, ist das Verständnis der Atmungskette ein Klacks – ehrlich...

Man stelle sich einen Kanal vor, der von links nach rechts läuft. Er ist abschüssig. Zu dem Kanal gibt es zwei Zuflüsse.

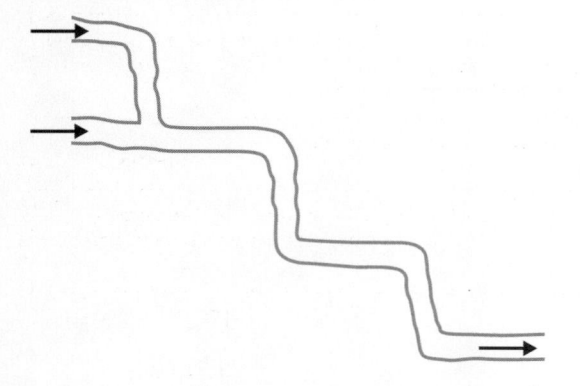

In dem Kanal gibt es vier Wasserräder. Wasserrad eins und zwei haben einen Wasserzufluss aus Wassereimern. Von den Wasserrädern eins und zwei fließt das Wasser in Rollcontainer, die das Wasser zu Wasserrad drei und vier transportieren.

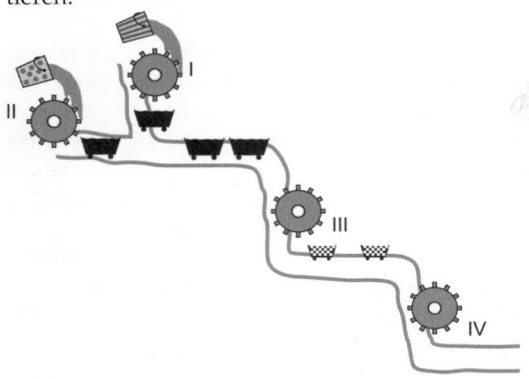

Durch die Wasserkraft angetrieben, werden Bälle von der vorderen auf die hintere Kanalseite gepumpt. Nur bei Wasserrad zwei funktioniert das nicht, da seine Wasserkraft nicht ausreicht.

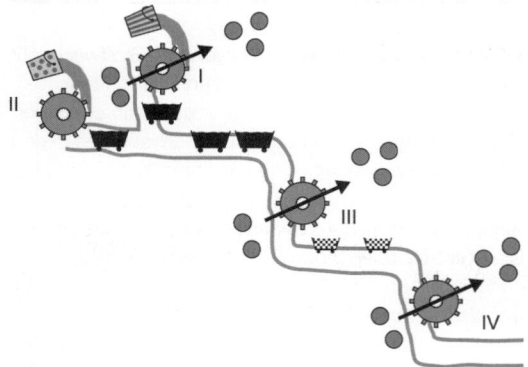

Auf der hinteren Kanalseite gibt es jetzt einen Ballüberschuss. Diese Bälle fließen durch eine Turbine zurück auf die vordere Kanalseite. Dabei wird die Turbine angetrieben und Energie erzeugt.

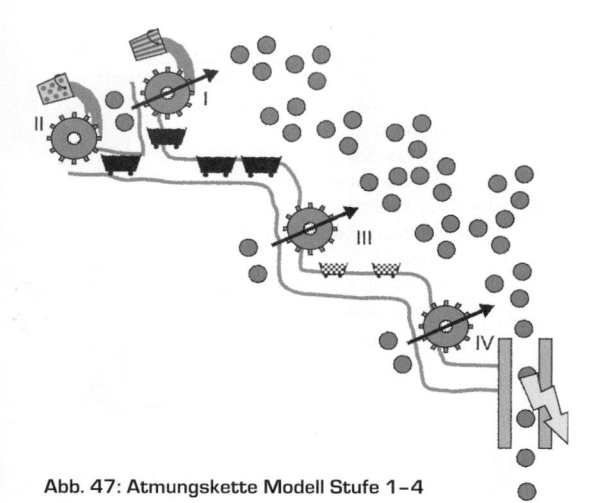

Was passiert in der Atmungskette?

Abb. 47: Atmungskette Modell Stufe 1-4

4.1 Was passiert in der Atmungskette?

Bei den vorangegangenen Stoffwechselfolgen (z.B. Glykolyse, β-Oxidation, Pyruvatdehydrogenasereaktion ab S. 21, Citratcyclus ab S. 26) wurden auf NAD$^+$ und FAD Redoxäquivalente übertragen (= NADH + H$^+$ und FADH$_2$). Diese H-Atome vereinigen sich nun in der Atmungskette mit O$_2$, wobei **H$_2$O** entsteht = Knallgasreaktion. Diese Reaktion ist so exergon, dass mit der frei werdenden Energie **ATP** aus ADP und P gebildet werden kann.

MERKE:
Die Atmungskette ist in der inneren Mitochondrienmembran lokalisiert.

Übrigens...
Am besten ladet ihr euch dieses Modell herunter (www.medi-learn.de/skr-atmungskette) und druckt es aus. Dann könnt ihr es bei der Bearbeitung dieses Themas neben das Skript legen und immer wieder einen Blick darauf werfen, da im Text oft Bezug darauf genommen wird.

So, und schon geht es los mit der lang ersehnten Atmungskette. Als erstes kommt ein grober Überblick über das Was und das Warum.

Zurück zum Modell und dessen Pendants in der Atmungskette:

Modell	→	Atmungskette
volle Wassereimer	→	reduzierte Redoxcoenzyme
Wasser	→	H-Atome/Elektronen
Höhe des Kanals	→	Redoxpotential
Wasserräder (I-IV)	→	Komplexe (I-IV)
Container	→	H/Elektronentransporter
Bälle	→	H$^+$-Ionen (= Protonen)
Turbine	→	Komplex V (= ATP-Synthase)

Und jetzt zum Ablauf:

Modell	Atmungskette
Es kommen volle Wassereimer.	Von den katabolen Stoffwechselvorgängen kommen reduzierte Redoxcoenzyme.
Durch den Fluss des Wassers durch die Wasserräder, können die Wasserräder Bälle auf die hintere Kanalseite pumpen.	Durch den Fluss der H-Atome/Elektronen durch die Komplexe, können die Komplexe I, III und IV H$^+$ Ionen in den mitochondrialen Intermembranraum pumpen.
Es entsteht ein Ballüberschuss auf der hinteren Kanalseite.	Es entsteht ein H$^+$-Überschuss im Intermembranraum.
Das Wasser kann durch den Kanal transportiert werden, da er in seinem Verlauf an Höhe verliert (= Gefälle).	Die H-Atome/Elektronen können weitergegeben werden, da im Laufe der Atmungskette das Redoxpotential positiver wird.

Tabelle 5: Übertragung des Modells auf die Atmungskette

4.2 Aufbau der Atmungskette

Dieser Abschnitt stellt die einzelnen Komponenten der Atmungskette vor, die im darauf folgenden Teil (= Weg durch die Atmungskette, s. 4.3, ab S. 43) zusammengeführt werden. In Klammern stehen die zugehörigen Elemente des Modells.

4.2.1 Herkunft der reduzierten Coenzyme (= Wassereimer)

Während des Abbaus von Fetten, Kohlenhydraten und Proteinen wurden Coenzyme reduziert, die in die Atmungskette einfließen. Im Einzelnen sind das:

$NADH+H^+$ aus
  β-Oxidation,
  Glykolyse,
  oxidative Decarboxylierung von Pyruvat (= Pyruvatdehydrogenasereaktion),
  Citratcyclus und
  oxidative Desaminierung von Glutamat.

$NADH+H^+$ wird über den Malat-Shuttle in das Mitochondrium gebracht.

$FADH_2$ aus
  β-Oxidation (Enzym = Acyl-CoA-Dehydrogenase),
- Citratcyclus (Enzym = Succinatdehydrogenase) und
- (mitochondrialer) Glycerinphosphatdehydrogenase (s. Glycerophosphat-Shuttle, S. 17)

4.2.2 Komplexe I-IV (= Wasserräder)

Die Komplexe I – IV sind in der inneren Mitochondrienmembran lokalisiert und bestehen aus Enzymen und Coenzymen.
Im Einzelnen sind das:
- Komplex I   = NADH-Ubichinon-Reduktase,
- Komplex II = Succinat-Ubichinon-Reduktase,
- Komplex III = Ubichinon-Cytochrom-c-Reduktase und
- Komplex IV = Cytochromoxidase.

Sie alle haben die Aufgabe, die Wasserstoffatome von den reduzierten Coenzymen (wie z.B. $NADH+H^+$ oder $FADH_2$) zu übernehmen, weiterzugeben und bei der Katalyse ihrer Redoxreaktionen Protonen vom Matrixraum in den Intermembranraum des Mitochondriums zu pumpen (Ausnahme: Komplex II).

Übrigens...

Die kompliziert klingenden Namen der Komplexe haben ihre Systematik. Sie sind aus drei Teilen zusammengesetzt.
1. Teil = Redoxcoenzym, von dem die H-Atome/ Elektronen stammen,
2. Teil = Redoxcoenzym, auf das die H-Atome/ Elektronen übertragen werden und
3. Teil = Reduktase
    Der Komplex IV fällt aus diesem Schema raus.

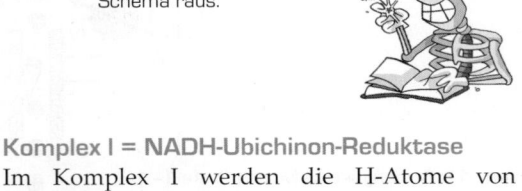

Komplex I = NADH-Ubichinon-Reduktase

Im Komplex I werden die H-Atome von $NADH+H^+$ auf Ubichinon (= Coenzym Q) übertragen, dies geschieht über FMN
(= Am Wasserrad I wird das Wasser vom Eimer (= gestreift) auf den Rollcontainer (= uni) weitergegeben).

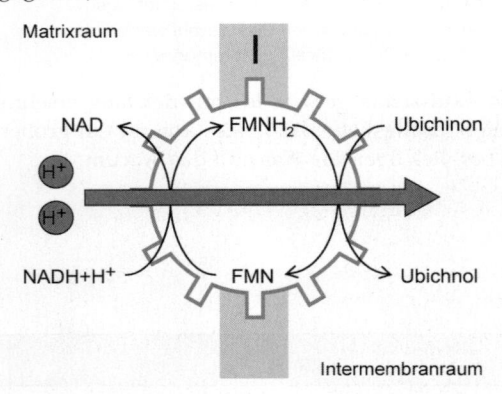

Abb. 48: Atmungskette, der Weg durch Komplex I

Was passiert hier im Einzelnen? $NADH+H^+$ wird von FMN oxidiert, gibt also seine Wasserstoffatome (= sein Hydrid-Ion + sein Proton) an FMN ab. FMN wird dadurch zu **FMNH$_2$** reduziert und gibt die Reduktionsäquivalente gleich wieder **weiter an Ubichinon**. Aus Ubichinon wird dadurch Ubichinol (= Reduktion).
Bei diesem Wasserstofftransport werden Protonen vom Matrixraum in den Intermembranraum des Mitochondriums gepumpt.

Aufbau der Atmungskette

$$NADH+H^+ + FMN \longrightarrow NAD^+ + FMNH_2$$

FMNH$_2$ + Ubichinon $\longrightarrow$ FMN + Ubichnol

Abb. 49: Atmungskette Komplex 1

An dieser Stelle tauchen die dubiosen **Eisen-Schwefel-Komplexe** aus dem Grundlagenteil (s. S. 11) wieder auf. Auch sie sind an den Redoxreaktionen beteiligt.

Übrigens...
Für das Physikum sind die Details über ihre Transportbeteiligung unwichtig. Wichtig ist hingegen, dass sie **nur in Komplex I, II und III** beteiligt sind, **nicht aber in IV**.

MERKE:
- Im Komplex I werden Wasserstoffatome von NADH+H$^+$ auf Ubichinon übertragen.
- Komplex I enthält FMN und Eisen Schwefel-Komplexe (= proteingebundenes Eisen in Nicht Häm Form) als prosthetische Gruppen.

Komplex II = Succinat-Ubichinon-Reduktase
Im Komplex II werden die H-Atome von Succinat auf Ubichinon übertragen, dies geschieht über FADH$_2$
(= Am Wasserrad II wird das Wasser vom Eimer (= gepunktet) auf den Rollcontainer (= uni) weitergegeben).

Abb. 50: Atmungskette, der Weg durch Komplex II

Dies ist der zweite Zufluss zur Atmungskette. Hier werden die Wasserstoffatome – wie im Komplex I – auf Ubichinon übertragen.
Was passiert im Einzelnen? Succinat wird von FAD oxidiert, gibt also seine Wasserstoffatome an FAD ab und reduziert es dadurch zu FADH$_2$. FADH$_2$ gibt die Wasserstoffatome weiter an Ubichinon, das dadurch zu Ubichinol reduziert wird.

Succinat + FAD $\longrightarrow$ Fumarat + FADH$_2$

FADH$_2$ + Ubichinon $\longrightarrow$ FAD + Ubichnol

Abb. 51: Atmungskette Komplex 2

Atmungskette

Übrigens...
- Der Komplex II hat einen Sonderstatus: Seine erste Reaktion entspricht dem ersten Regenerationsschritt des Citratcyclus (s. S. 31) und er ist NICHT in der Lage, Protonen in den Intermembranraum zu pumpen: Nicht zuletzt aufgrund dieser Tatsachen wird er im Physikum besonders gerne gefragt.
- Reduziertes $FADH_2$ entsteht nicht nur im Citratcyclus, sondern auch bei der β-Oxidation (Enzym = Acyl-CoA-Dehydrogenase) und der mitochondrialen Glycerinphosphatdehydrogenase (s. Glycerophosphat-Shuttle S. 17). Auch diese Reduktionsäquivalente werden auf Ubichinon übertragen. Dazu existieren eigene Wege, die jedoch physikumsirrelevant sind.

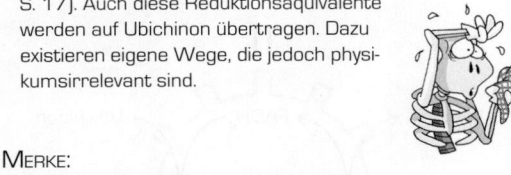

Merke:
- Im Komplex II werden Wasserstoffatome von Succinat auf Ubichinon übertragen.
- Komplex II enthält kovalent gebundenes FAD und Eisen-Schwefel-Komplexe (= proteingebundenes Eisen in Nicht-Häm-Form) als prosthetische Gruppen.
- Seine erste Reaktion entspricht dem ersten Regenerationsschritt des Citratcyclus.
- Er hat NICHT die Funktion einer Protonenpumpe.
- Er befindet sich an der Innenseite der inneren Mitochondrienmembran.

Komplex III = Ubichinon-Cytochrom-c-Reduktase

Im Komplex III werden nur die Elektronen von Ubichinol übernommen und auf 2 Cytochrom c übertragen
(= Am Wasserrad III wird das Wasser vom Rollcontainer (= uni) auf den kleineren Rollcontainer (= kariert) umgeladen).

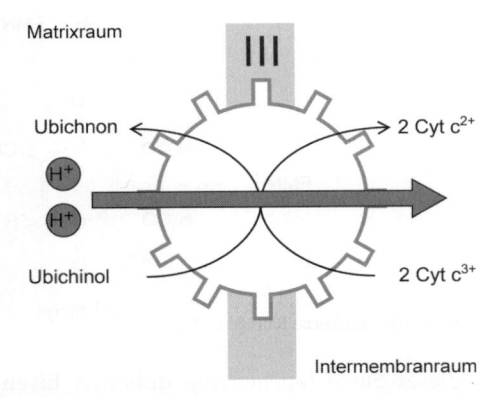

Abb. 52: Atmungskette, der Weg durch Komplex III

In diesem Komplex kommen die Wasserstoffatome also erstmals nicht von vorangegangenen Stoffwechselfolgen, sondern von den Komplexen I und II der Atmungskette – übertragen durch Ubichinol.

Was passiert im Einzelnen? Ubichinol wird vom Komplex III zu Ubichinon oxidiert. Dabei werden NUR die Elektronen übernommen. Vom Komplex III gelangen die 2 Elektronen auf 2 Moleküle Cytochrom c. Bei den Redoxvorgängen gehen die Cytochrome vom Fe^{3+} in den Fe^{2+}-Zustand (und umgekehrt) über, anders gesagt: Ihre Funktion beruht auf einer Wertigkeitsänderung des Eisens.

Abb. 53: Atmungskette Komplex 3

Aufbau der Atmungskette | 41

Übrigens...
- Cytochrome bestehen aus Häm und Protein. Durch die unterschiedlichen Proteinanteile entstehen unterschiedliche Hämoproteine.
- Bei diesem Elektronentransport werden wieder Protonen in den Intermembranraum gepumpt.

MERKE:
- Im Komplex III werden Elektronen von Ubichinol auf Cytochrom c übertragen.
- Komplex III enthält Cytochrom b und Eisen-Schwefel-Komplexe (= proteingebundenes Eisen in Nicht-Häm-Form) als prosthetische Gruppen.

Übrigens...
- Cytochrom c ist ein Überträgermolekül. Es verbindet die Komplexe III und IV und ist **daher NICHT an die Cytochromoxidase** (= Komplex IV) **gebunden**.
- Bei diesem Elektronentransport werden Protonen vom Matrixraum in den Intermembranraum gepumpt.

MERKE:
- Im Komplex IV werden Elektronen von Cytochrom c auf Sauerstoff übertragen.
- Komplex IV enthält Cytochrom a und Cytochrom a_3 aber KEINE Eisen-Schwefel-Komplexe (= proteingebundenes Eisen in Nicht Häm Form).

Komplex IV = Cytochromoxidase
Im Komplex IV werden die Elektronen von zwei Molekülen Cytochrom c auf ½ O_2 übertragen (= Am Wasserrad IV wird das Wasser vom karierten Rollcontainer übertragen, verlässt dann den Kanal und fließt in den See).

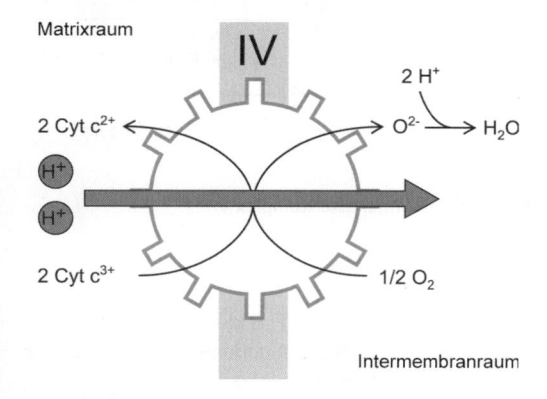

Abb. 54: Atmungskette, der Weg durch Komplex IV

Was passiert im Einzelnen? Cytochrom c wird unter Mitwirkung der Cytochromoxidase von ½ O_2 oxidiert. Dabei entsteht ein O^{2-}, das in die Mitochondrienmatrix diffundiert und sich dort mit zwei H^+-Ionen zu H_2O verbindet. Damit ist die Knallgasreaktion vollzogen:

$$2\ Cyt\ c\ (Fe^{2+}) + 1/2\ O_2 \longrightarrow 2\ Cyt\ c\ (Fe^{3+}) + O^{2-}$$

$$O^{2-} + 2\ H^+ \longrightarrow H_2O$$

Abb. 55: Atmungskette Komplex IV

Zusammenfassung Elektronentransport und Komplex I-IV
Warum gelangen die Elektronen überhaupt vom NADH+H^+ zum O_2? Bitte dazu noch mal kurz an die Grundlagen erinnern, dort findet man eine Antwort auf diese Frage (s. 1.1.5, S. 3).

Die Elektronen fließen in der Atmungskette entlang der Spannungsreihe (= Gefälle/abnehmende Höhe des Kanals). NADH+H^+ hat eine sehr negatives Redoxpotential, H_2O ein positives. Während der Atmungskette wird das Redoxpotential immer ein bisschen positiver = das in der Kette weiter hinten stehende Molekül ist in der Lage dem vorderen seine Elektronen abzuluchsen und das tut es dann auch.

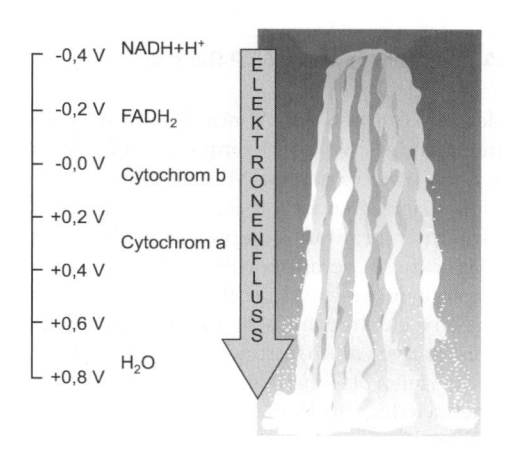

Abb. 56: Atmungskette Spannungsreihe nach Redoxpotential

In den Komplexen I-IV (= Wasserräder) durchlaufen H-Atome/Elektronen (= Wasser) die Spannungsreihe (= Kanalabschüssigkeit). Die bei diesen Oxidationen freigesetzte Energie wird genutzt, um Protonen (= Bälle) vom Matrixraum in den Intermembranraum zu pumpen.

Übrigens...
- Nur die Komplexe I, III und IV sind Protonenpumpen, Komplex II ist keine.
- Die Komplexe I, III und IV ragen deshalb auch durch die innere Mitochondrienmembran hindurch (= vom Matrixraum bis zum Intermembranraum), während sich Komplex II an der Innenseite (= dem Matrixraum zugewandt) der inneren Mitochondrienmembran befindet.

4.2.3 Überträgermoleküle (= Container)

Als nächstes soll die Aufmerksamkeit den Überträgermolekülen gelten. Sie können sich frei bewegen und somit die dort fest verankerten Komplexe miteinander verbinden. Als Überträgermoleküle fungieren Ubichinol und Cytochrom c, die beide auch Redoxcoenzyme sind.

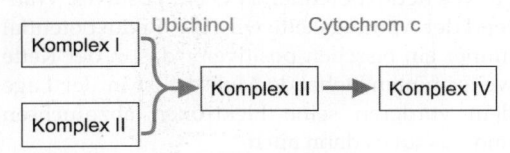

Abb. 57: Atmungskette Überträgermoleküle

4.2.4 Komplex V – die ATP-Synthase (= Turbine)

Der letzte Komplex der Atmungskette ist vollkommen anders als die Komplexe I-IV. Er ist zwar auch in der inneren Mitochondrienmembran lokalisiert, aber für die Rückführung der in den Intermembranraum gepumpten Protonen zum Matrixraum verantwortlich.

Der Protonenüberschuss im Intermembranraum erzeugt eine elektrochemische **Potentialdifferenz** (= mehr positive Ladungen und niedriger pH-Wert durch die vielen H$^+$-Ionen), mit der Folge, dass die Protonen wieder zurück in den Matrixraum drängen. Diese Kraft wird im Komplex V zur ATP-Synthese genutzt (Im Modell ist der Komplex V als Turbine dargestellt. Auf der hinteren Kanalseite ist ein Ballüberschuss. Beim Durchfluss der Bälle durch die Turbine wird Energie erzeugt).

Aufbau: Der Komplex V besteht aus einem F_0- und einem F_1-Teil. Der F_0-Teil ist ein in die innere Mitochondrienmembran integrierter Bestandteil und enthält einen Protonenkanal, durch den die H$^+$-Ionen in den Matrixraum zurück diffundieren. Der F_1-Teil ragt pilzförmig in die Mitochondrienmatrix und ist die eigentliche ATP-Synthase, d.h. hier wird die ATP-Synthese aus ADP und Phosphat katalysiert. Dabei werden ca. drei Protonen zur Synthese von maximal einem ATP benötigt.

Übrigens...
Der genaue Mechanismus der ATP Herstellung ist im Physikum bisher noch nicht gefragt worden.

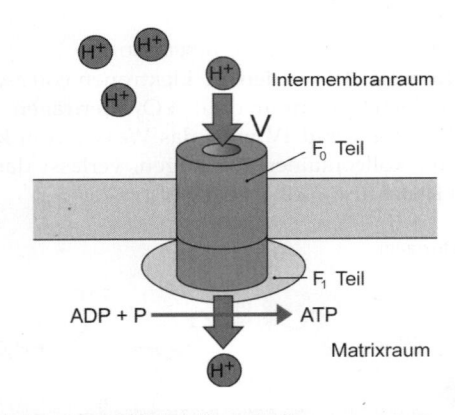

Abb. 58: Atmungskette Komplex V

MERKE:
Komplex V
- ist zuständig für die ATP Bildung.
- ist in der inneren Mitochondrienmembran lokalisiert.
- besteht aus einem F_0- und einem F_1-Teil.
- ist eine protonengetriebene ATP-Synthase.

Übrigens...
ATP kann auf verschiedene Arten synthetisiert werden. Kurz zusammengefasst kann ATP regeneriert werden über Phosphorylierung von ADP durch
- die mitochondriale F_0F_1–ATPase (oxidative Phosphorylierung)
- Phosphoglyceratkinase (Glykolyse)
- Pyruvatkinase (Glykolyse)
- Adenylat Kinase (Myokinase, s. S. 53)
- Kreatinkinase (s. S. 52)
- Succinat Thiokinase (Citratcyclus s. S. 29), hier wird allerdings GTP synthetisiert

4.3 Der Weg durch die Atmungskette

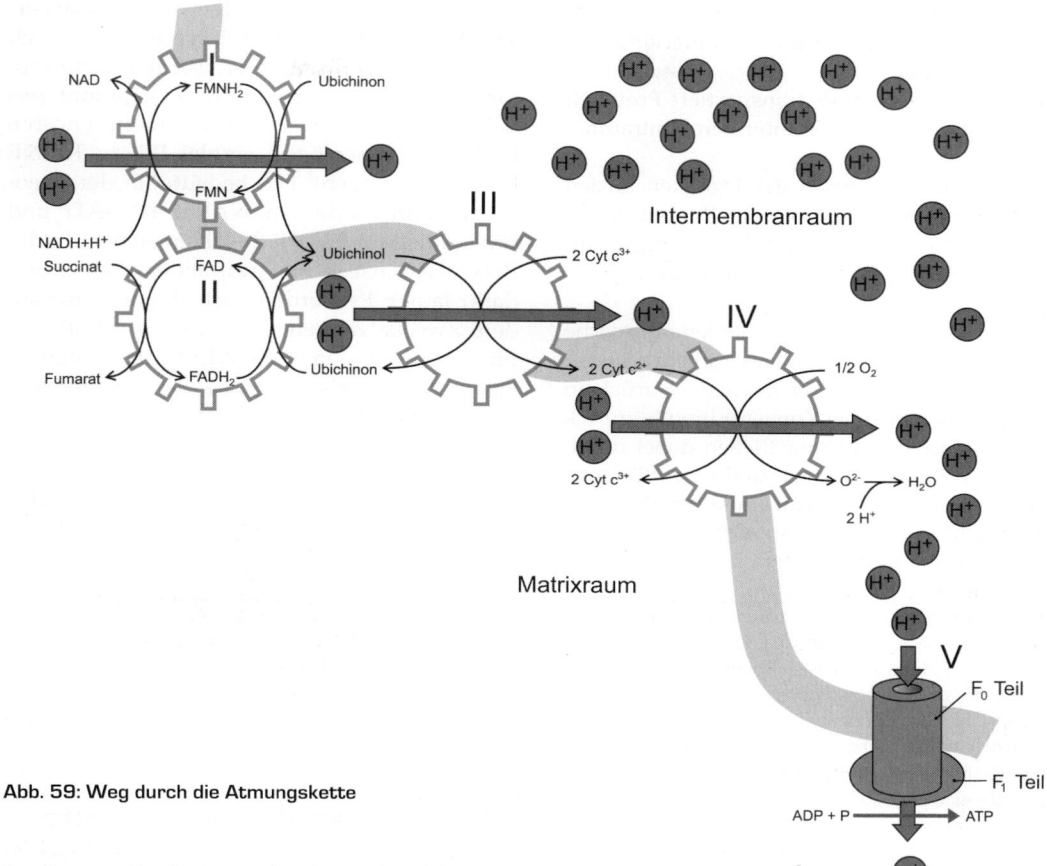

Abb. 59: Weg durch die Atmungskette

In diesem Abschnitt steht die Reihenfolge der einzelnen Schritte innerhalb der Atmungskette im Vordergrund:
- NADH+H$^+$ kommt von den katabolen Stoffwechselvorgängen. Es ist ein lösliches Coenzym und kann daher zum Komplex I diffundieren. Im Komplex I wird es durch die NADH-Ubichinon-Reduktase oxidiert. Die Wasserstoffatome werden von FMN übernommen und an Ubichinon abgegeben, das dadurch zum Ubichinol reduziert wird.
Durch den Komplex I werden Protonen vom Matrixraum in den Intermembranraum gepumpt.
- Im Komplex II wird Succinat durch die Succinat-Ubichinon-Reduktase oxidiert. Die Wasserstoffatome werden von FAD übernommen und an Ubichinon abgegeben, das dadurch zum Ubichinol reduziert wird.

Der Komplex II, der an der Innenseite der inneren Mitochondrienmembran sitzt, ist NICHT in der Lage Protonen in den Intermembranraum zu pumpen.
- Von nun an haben alle Wasserstoffatome den gleichen Weg: Ubichinol wandert innerhalb der Mitochondrienmembran zum Komplex III. Hier werden die Elektronen auf Cytochrom c übertragen.
Durch den Komplex III werden auch wieder Protonen vom Matrixraum in den Intermembranraum gepumpt.

- Cytochrom c wandert zum Komplex IV. Hier wird Sauerstoff zu O^{2-} reduziert und reagiert mit zwei H^+ Ionen zu H_2O. Damit ist der Elektronentransport durch die Atmungskette abgeschlossen.
  Auch der Komplex IV transportiert Protonen vom Matrixraum in den Intermembranraum.

Durch all dieses Pumpen der Protonen in den Intermembranraum ist dort ein Protonenüberschuss entstanden, der einen Protonengradienten und damit ein Membranpotential erzeugt.

- Im Komplex V wird diese protonenmotorische Kraft (= elektrochemischer Gradient) ausgenutzt. Die Protonen streben wieder zurück an den Ort der niedrigen Konzentration (= zurück in den Matrixraum) und fließen dabei durch den Komplex V, dessen F_1-Teil eine ATP-Synthase beinhaltet. Beim Rückfluss der Protonen in den Matrixraum wird so ATP gebildet.

> **Übrigens...**
> $FADH_2$ entsteht nicht nur im Citratcyclus, sondern auch beim Fettsäureabbau und beim Glycerophosphat-Shuttle. Auch diese Redoxäquivalente werden direkt in die Atmungskette eingeschleust und auf Ubichinon übertragen, das dadurch zu Ubichinol reduziert wird. Sie gelangen dabei nicht über den Komplex II zur Atmungskette, sondern über ihre eigenen Abbauenzyme, werden aber an der gleichen „Stelle" eingeschleust. Ihr Abbauenzym ist:
> - die Glycerinphosphatdehydrogenase aus dem Glycerophophatshuttle (S. 17) oder
> - die Acyl-CoA-Dehydrogenase aus der β-Oxidation (s. Skript Biochemie 7).

4.4 Die Atmungskette Schwerpunkt Redoxreihe

In Abbildung 60 ist die Atmungskette mal aus dem dem Blickwinkel der Spannungsreihe dargestellt. Die einzelnen Coenzyme sind in ihrer Redoxhierarchie aufgezeichnet, die sich im Ablauf widerspiegelt.

> **Übrigens...**
> Die Energie zur Phosphorylierung von ADP wird von Redoxprozessen bereitgestellt. Man nennt den Mechanismus der Atmungskette daher auch **oxidative Phosphorylierung** (vgl. Substratkettenphosphorylierung, s. S. 29).

4.5 Energiebilanz der Atmungskette

Wenn die Protonen (= Bälle) die ATP-Synthase passieren, wird ATP gebildet: Pro synthetisiertem ATP werden dafür ca. 3 Protonen benötigt. Pro reduziertem $NADH+H^+$ werden ca. 10 Protonen in den Intermembranraum gepumpt, pro reduziertem $FADH_2$ sind das immerhin noch 6 Protonen (Remember: Komplex II kann KEINE Protonen pumpen). Das bedeutet in der Theorie, dass pro oxidiertem $NADH+H^+$ 3 ATP und pro oxidiertem $FADH_2$ 2 ATP entstehen. In der Praxis ist es wie so oft etwas anders. Der Grund dafür lautet: Es werden noch Protonen für andere Zwecke verwendet, so dass nicht alle gepumpten Protonen in die ATP Synthese einfließen und rechnerisch daher etwas weniger ATP pro oxidiertem Coenzym entsteht.

Merke:
- Pro oxidiertem $NADH+H^+$ entstehen ca. 2,5 ATP.
- Pro oxidiertem $FADH_2$ entstehen ca. 1,5 ATP.

> **Übrigens...**
> Die exakte Zahl der gepumpten Protonen ist etwas komplizierter herzuleiten. Für das Physikum sind diese Zahlen jedoch nicht wichtig, so dass hier der Einfachheit halber mit etwas gerundeten Angaben gearbeitet wird.

4.6 Regulation der Atmungskette

Die Regulation der Atmungskette gehört zu den Themen in der Biochemie, die ausnahmsweise mal richtig schön sind. Schön, weil sie logisch sind und man sie sich deswegen gut merken kann:

Regulation der Atmungskette

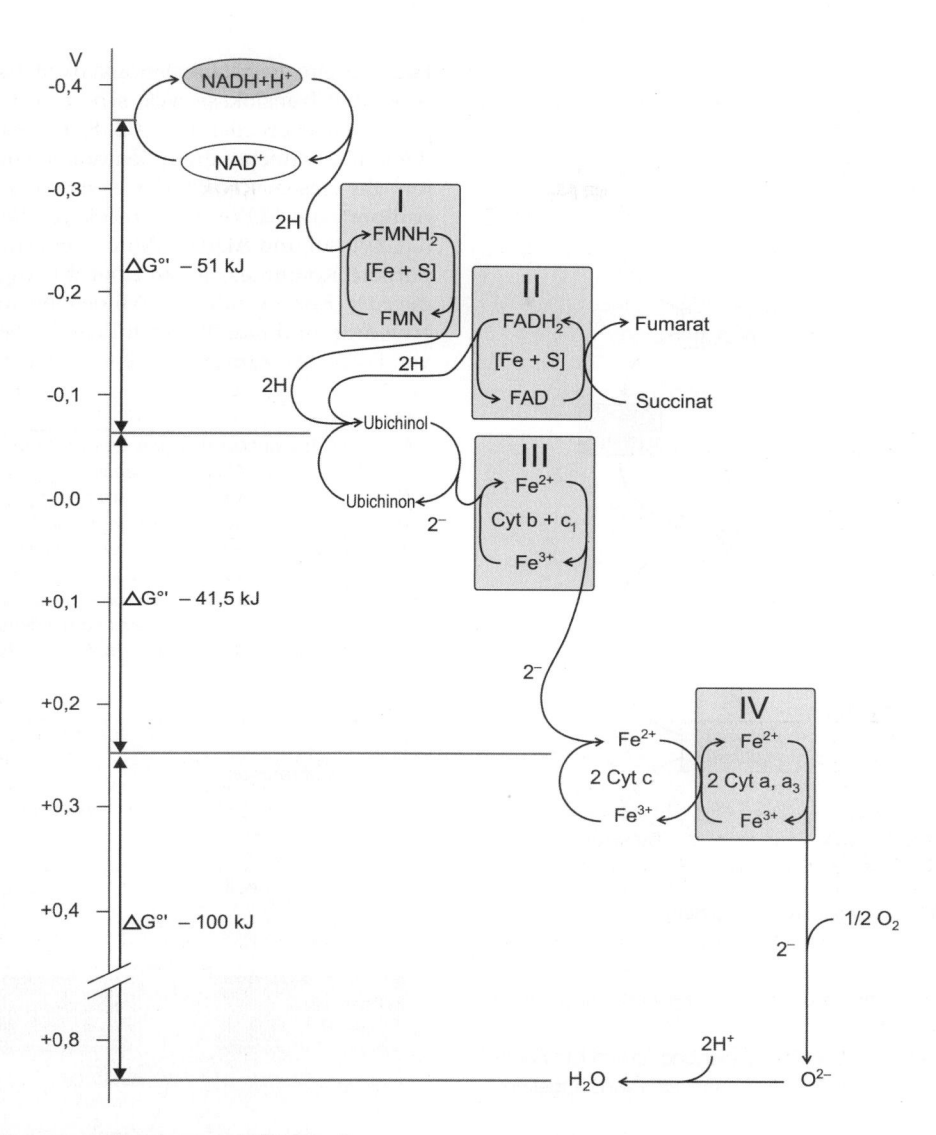

Abb. 60: Atmungskette Schwerpunkt Redoxreihe

In der Atmungskette wird ATP synthetisiert und ADP verbraucht. Viel ADP ist daher ein Zeichen von Energiemangel in der Zelle. Da dieses Molekül den Energiehaushalt der Zelle so gut widerspiegelt, läuft über seine Konzentration auch die Regulation der Atmungskette:

- Ist der ADP Gehalt der Zelle erschöpft (=1),
- kann die ATP-Synthase (= 2) nicht mehr arbeiten, also wegen ADP-Mangel kein ATP mehr synthetisieren und somit auch den Protonengradienten nicht abbauen.
- Der Protonenüberschuss im Intermembranraum hemmt dann die Komplexe I-IV (= 3) und es findet kein Elektronentransport mehr statt
- Die reduzierten Redoxcoenzyme können dann nicht mehr abgebaut werden (= 4) und auch der Citratcyclus kommt zum Erliegen.

Atmungskette

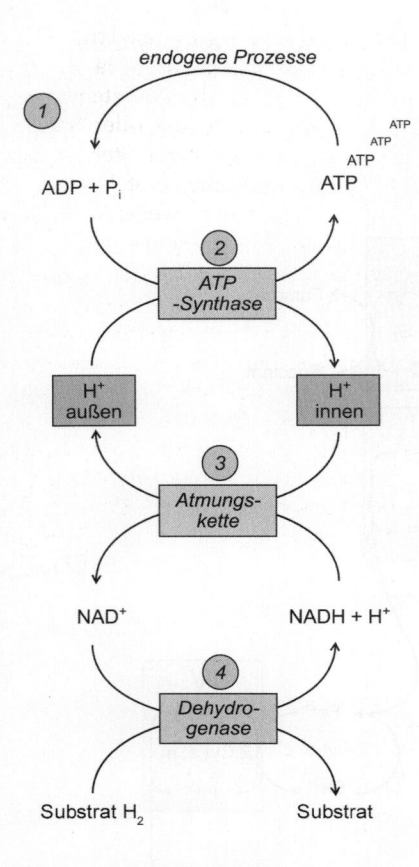

Abb. 61: Atmungskette Regulation

MERKE:
Der Hauptregulator der Atmungskette ist die ADP-Konzentration:
- Ist sie erhöht, ist das gleichbedeutend mit Energiemangel und die Atmungskette wird angetrieben.
- Ist sie erniedrigt, herrscht ein Energieüberschuss in der Zelle und die Atmungskette wird gehemmt.

Übrigens...
Die ATP Konzentration hat keine regulative Funktion auf die Atmungskette, auch wenn es im Schriftlichen als Lösungsmöglichkeit angeboten wird.

Eine weitere Regulationsmöglichkeit bietet die ATP/ADP-Translokase. Wie schon im Grundlagenteil angesprochen (s. 1.4.2, S. 15), kann ATP die innere Mitochondrienmembran nicht passieren. Zu diesem Zweck gibt es einen speziellen Antiport: die ATP/ADP-Translokase, die ATP in das Zytosol und ADP ins Mitochondrium transportiert. Kommt es hier zu einer Schädigung, ist die ADP-Konzentration im Mitochondrium auch erniedrigt und täuscht einen Energieüberschuss vor. Folge: Die Atmungskette wird gehemmt.

Übrigens...
Bei einem Transportzyklus geht ein ADP^{3-} ins Mitochondrium im Austausch gegen ein ATP^{4-}. Der Intermembranraum wird dadurch um eine Ladung negativer. Dies gleicht den dort herrschenden Protonenüberschuss der Atmungskette ein wenig aus und ist ein Grund für den zusätzlichen Verbrauch von Protonen im Intermembranraum und der damit verbundenen krummen Zahl des ATP-Gewinns (s. 4.5, S. 44).

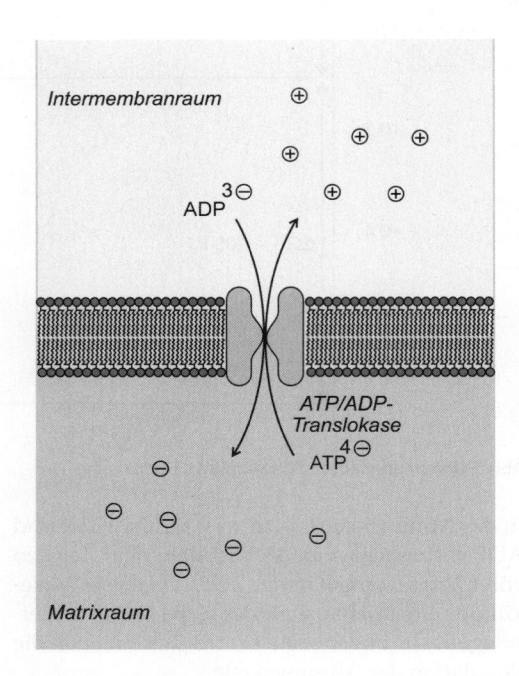

Abb. 62: Atmungskette ATP/ADP-Translokase

MERKE:
Der ADP Transport ins Mitochondrium wird durch eine ATP/ADP-Translokase katalysiert. Ihre Hemmung bewirkt auch eine Hemmung der Atmungskette.

4.7 Beeinflussung der Atmungskette

Diese Überschrift mag ein bisschen seltsam klingen, heißt dieses Kapitel normalerweise doch Hemmstoffe der Atmungskette. Die Atmungskette kann jedoch auf zwei unterschiedliche Weisen gestört werden: Sie kann gehemmt oder entkoppelt sein. Um daher der Verwirrung vorzubeugen, die entstehen kann, wenn Hemmer und Entkoppler unter Hemmstoffen eingeordnet werden, lautet die Überschrift hier ganz neutral „Beeinflussung der Atmungskette".

MERKE:
Die Atmungskette kann durch zwei verschiedene Arten beeinträchtigt werden:
- Hemmung und
- Entkopplung.

Um diese beiden voneinander zu unterscheiden, ist der P/O-Quotient hilfreich:

MERKE:
Als P/O-Quotient bezeichnet man das Verhältnis von gewonnenem ATP zu verbrauchtem Sauerstoff.

$$\text{P/O Quotient:} \quad \frac{\text{gewonnenes ATP}}{\text{verbrauchtes } O_2}$$

Für jedes oxidierte $NADH+H^+$/$FADH_2$ in der Atmungskette wird ein Sauerstoff für die Knallgasreaktion verbraucht. Damit entstehen
- pro oxidiertem $NADH+H^+$ 2,5 ATP.
  Der P/O Quotient = 2,5/1, also 2,5
- pro oxidiertem $FADH_2$ 1,5 ATP.
  Der P/O Quotient = 1,5/1, also 1,5.

4.7.1 Hemmung der Atmungskette

Die Hemmung der Atmungskette lässt sich an unserem Modell wunderschön darstellen: Wenn man sich vorstellt, eine Mauer oder Barrikade würde den Kanal an beliebiger Stelle versperren, kann das Wasser an dieser Stelle durch die Rollcontainer nicht mehr weitertransportiert werden. Es werden so auch keine Bälle über die Wasserräder auf die hintere Kanalseite gepumpt und die Turbine erzeugt keine Energie.

Die Hemmstoffe der Atmungskette bauen diese Art Mauer. Dadurch wird die Atmungskette an einer Stelle blockiert und es kann kein Elektronentransport stattfinden. Ohne Elektronentransport findet im Komplex IV jedoch auch keine Sauerstoffreduktion statt. Es wird also auch KEIN Sauerstoff verbraucht.

Atmungskette

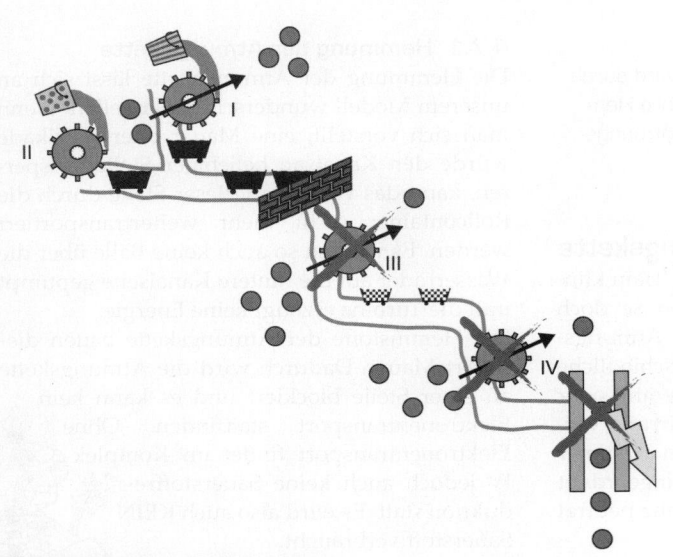

Abb. 63: Hemmung der Atmungskette

Von den vielen Stoffen, die an unterschiedlichen Stellen die Atmungskette blockieren, werden im Physikum nur zwei gefragt:

Die Barbiturate (= früher verwendete Schlafmittel) hemmen den Komplex I und zwar blockieren sie dort die Wasserstoffübertragung von FMN auf Ubichinon (= Coenzym Q).

Die Blausäure (= HCN) hemmt den Komplex IV (= Cytochromoxidase) und zwar blockiert sie die Elektronenübertragung von Cytochrom c auf Sauerstoff. Achtung: Es wird die Cytochromoxidase, nicht aber Cytochrom c gehemmt.

Übrigens...
Das Anion der Blausäure ist CN⁻ und heißt Cyanid-Ion. Es wirkt genauso wie die Blausäure selbst und taucht gerne mal stellvertretend in den Fragen des schriftlichen Examens auf.

FMN →(I)→ Ubichinon →(III)→ Cyt c →(IV)→ O_2

Barbiturate   CN⁻

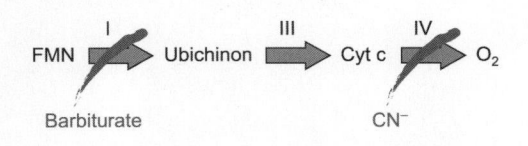

Abb. 64: Atmungskette Hemmstoffe

MERKE:
- Barbiturate hemmen die Wasserstoffübertragung auf Ubichinon.
- Cyanid-Ionen hemmen die Cytochromoxidase.

4.7.2 Entkoppler der Atmungskette

Auch die Entkopplung der Atmungskette lässt sich am Kanalmodell gut veranschaulichen. Wenn man sich vorstellt, dass eine zusätzliche Verbindung zwischen hinterer und vorderer Kanalseite (= neben der Turbine) eingebaut wird, können die Bälle auch über diese Verbindung wieder zurückströmen und damit die Turbine umgehen. Beim Fluss über diese Umleitung wird jedoch KEINE Energie erzeugt. Der sonstige Ablauf ist nicht gestört: Es wird weiterhin Wasser durch den Kanal transportiert und die Wasserräder pumpen Bälle. Der Ballüberschuss auf der hinteren Kanalseite wird jedoch ohne Energieerzeugung sofort wieder abgebaut. Damit ist die Energieerzeugung vom Wassertransport gelöst (= entkoppelt) worden.

Beeinflussung der Atmungskette

Abb. 65: Entkopplung der Atmungskette

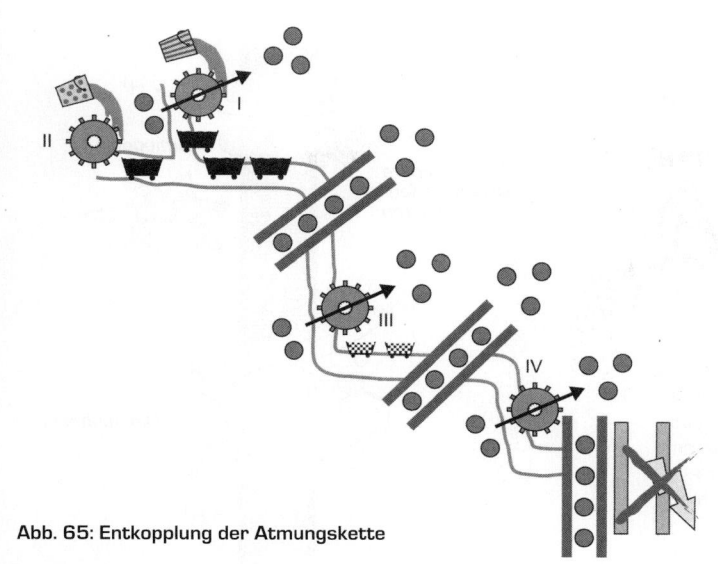

Die Substanzen, die die Atmungskette entkoppeln, bewirken diese Art Zusatzverbindung. Den Protonen steht so ein alternativer Weg zurück in den Matrixraum zur Verfügung, ohne durch die ATP-Synthase zu müssen. Bei entkoppelter Atmungskette findet der Elektronentransport unabhängig von der ATP-Synthese statt. Da der Elektronentransport weiterläuft, wird aber auch Sauerstoff verbraucht. Und da Sauerstoff verbraucht, aber viel weniger ATP erzeugt wird, sinkt der P/O-Quotient. Die frei werdende Energie geht dabei in Form von Wärme verloren.

- ATP-Synthese findet kaum statt (=1).
- Die beim Protonenfluss frei werdende Energie geht als Wärme verloren (= 2).
- Da der Protonenüberschuss im Intermembranraum weiter abgebaut wird, läuft auch der Elektronentransport weiterhin ab (= 3).
- Die reduzierten Coenzyme geben ihre Wasserstoffatome ungehindert in die Atmungskette und es kommt NICHT zu einem NADH+H⁺-Überschuss.

Glykolyse, Pyruvatdehydrogenasereaktion und Citratcyclus werden NICHT gehemmt, sondern laufen sogar **beschleunigt** ab und reduzieren weiterhin Coenzyme.

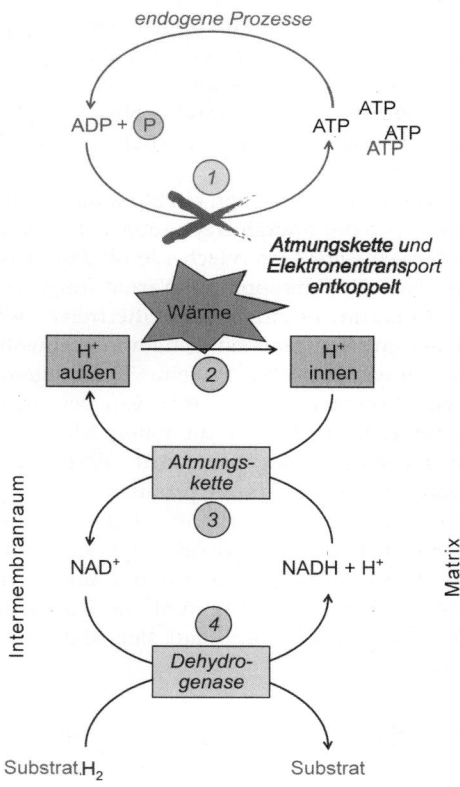

Abb. 66: Atmungskette, Folgen der Entkopplung

50 | Atmungskette

MERKE:
Bei der Entkopplung der Atmungskette
- wird der Elektronentransport von der ATP-Bildung getrennt.
- wird Wärme freigesetzt.

Übrigens...
- **Entkoppler** beeinträchtigen den Elektronentransport NICHT. Sie bewirken damit auch **KEINE Umkehr**, sondern führen höchstens zu einem noch schnelleren Ablauf des Transports.
- Durch die Entkopplung des Elektronentransportes von der ATP Bildung kann die Regulation der Atmungskette über die ADP Konzentration (s. 4.6, ab S. 44) nicht mehr greifen. Es kommt sogar zu einer Beschleunigung des Elektronentransportes und damit zu einem erhöhten **Sauerstoffverbrauch**.

Welches sind nun die Entkoppler der Atmungskette? Auch zu diesem Thema werden im Examen glücklicherweise nur zwei Wirkstoffe verlangt. Ein physiologischer und ein pathologischer:

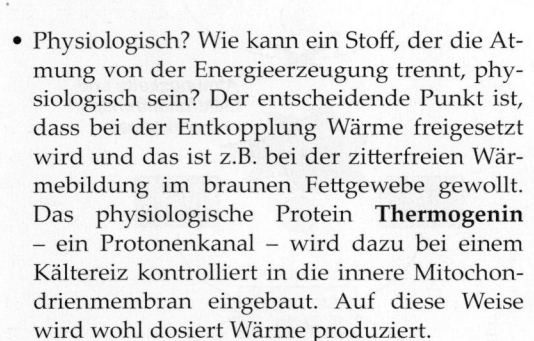

- Physiologisch? Wie kann ein Stoff, der die Atmung von der Energieerzeugung trennt, physiologisch sein? Der entscheidende Punkt ist, dass bei der Entkopplung Wärme freigesetzt wird und das ist z.B. bei der zitterfreien Wärmebildung im braunen Fettgewebe gewollt. Das physiologische Protein **Thermogenin** – ein Protonenkanal – wird dazu bei einem Kältereiz kontrolliert in die innere Mitochondrienmembran eingebaut. Auf diese Weise wird wohl dosiert Wärme produziert.
- Der pathologische Vertreter ist das Dinitrophenol, ein lipophiles Molekül, das sich in die Membran einlagert und auf der Intermembranseite Protonen aufnimmt, sie durch die Membran schleust und auf der Matrixseite wieder abgibt.

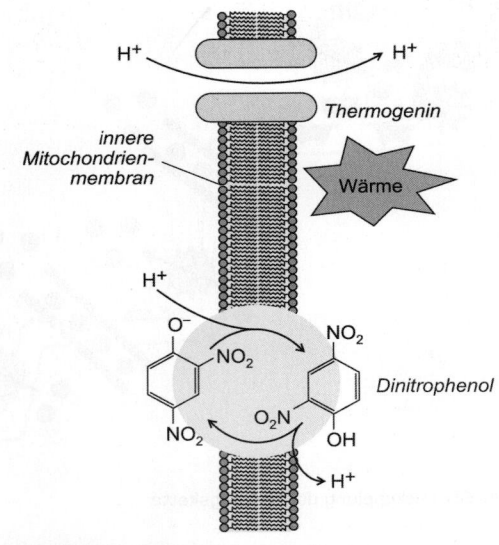

Abb. 67: Entkoppler der Atmungskette

MERKE:
- Thermogenin ist ein physiologischer, Dinitrophenol ein pathologischer Entkoppler der Atmungskette.

4.7.3 Zusammenfassung der Blockierer der Atmungskette

	Hemmung	Entkopplung
Was passiert?	gezielte Blockade eines Komplexes; es findet weder Elektronentransport noch Sauerstoffverbrauch statt.	Protonen werden am Komplex V vorbeigeschleust; es kommt zu einer Abtrennung des Elektronentransports von der ATP-Synthese.
Stoffe	• Barbitursäure (Komplex I) • Cyanid (Komplex IV)	• Dinitrophenol • Thermogenin
P/O-Quotient	bleibt gleich	sinkt

Tabelle. 6: Vergleich: Hemmung & Entkopplung

DAS BRINGT PUNKTE

Zur Atmungskette sollte man unbedingt wissen, dass
- Cytochrom c nicht an die Cytochromoxidase gebunden ist.
- Hämoglobin und Cytochrom c sich durch die Art der Bindung an ihre Proteinkomponente unterscheiden.
- die Cytochromoxidase **KEIN proteingebundenes Eisen in Nicht-Häm-Form** enthält.
- die Succinatdehydrogenase
  - membrangebunden ist.
  - ein Teil des Komplexes II der Atmungskette ist.
  - kovalent gebundenes FAD als prosthetische Gruppe enthält.
  - Eisen-Schwefel-Komplexe enthält.
- Reduktionsäquivalente für die Atmungskette geliefert werden
  - vom Citratcyclus,
  - von der β-Oxidation,
  - von der Pyruvatdehydrogenasereaktion und
  - von der oxidativen Desaminierung von Glutamat.
- die ATP-Synthase auf der Innenseite der inneren Mitochondrienmembran die ATP Synthese aus zytosolischem ADP und Phosphat katalysiert.
- Komplex II KEINE Protonen pumpt.
- die Atmungskette durch die mitochondriale ADP Konzentration reguliert wird.
- Entkoppler keine direkte Wirkung auf den Elektronenfluss der Atmungskette haben, höchstens zu einem schnelleren Transport führen, aber KEINE Umkehr bewirken.
- Entkopplung der Atmungskette die Abtrennung des Elektronentransports von der ATP Bildung zur Folge hat. Dadurch kommt es zur Beschleunigung der katabolen Stoffwechselprozesse und zur Wärmebildung.

BASICS MÜNDLICHE

Beschreiben Sie mir bitte kurz das Prinzip der oxidativen Phosphorylierung.
Oxidative Phosphorylierung ist die Bezeichnung für den Mechanismus der ATP-Bildung in der Atmungskette. In der Atmungskette werden die bei den katabolen Stoffwechselvorgängen gewonnenen reduzierten Coenzyme oxidiert. Dabei wird ein Protonengradient aufgebaut, der zur ATP Synthese dient.

Welche Reaktion liefert die Energie für die ATP Synthese?
Formal handelt es sich dabei um die Knallgasreaktion: Wasserstoff und Sauerstoff reagieren zu Wasser. Diese Reaktion ist jedoch sehr exergon und würde zur Zerstörung der Zelle führen. In der Atmungskette wird die Energie daher stufenweise freigesetzt.

Was ist eine Oxidation, was eine Reduktion?
Oxidation bedeutet Elektronenabgabe. Diese ist oft mit Protonen gekoppelt, so dass eine Wasserstoffabgabe auch eine Oxidation darstellt.
Die Reduktion ist das Gegenteil der Oxidation also eine Elektronenaufnahme.

Was sind Cytochrome?
Cytochrome sind Hämproteine, d.h. sie bestehen aus einem Proteinanteil und der Häm-Gruppe.
Die Cytochrome haben in der Atmungskette als Redoxcoenzyme die Funktion der Elektronenübertragung.

Wie kann die Atmungskette gestört werden?
Die Atmungskette kann gehemmt oder entkoppelt sein. Bei der Hemmung wird das ganze System blockiert, es findet weder ATP-Synthese noch Elektronentransport statt. Der P/O Quotient verändert sich nicht.
Die Entkoppler schleusen Protonen durch die innere Mitochondrienmembran und bauen so den Protonenüberschuss auf der Intermembranseite ab. Es wird viel weniger ATP synthetisiert, der Elektronentransport findet aber noch statt. Somit wird Sauerstoff verbraucht, der P/O Quotient sinkt, und Wärme wird erzeugt.

JETZT DÜRFT IHR NOCHMAL TIEF DURCHATMEN BIS DER MUSKULÄRE ENDSPURT BEGINNT.

5 Muskel

In diesem Kapitel werden die eben gelernten Fakten an einem beispielhaften und natürlich prüfungsrelevanten Organ betrachtet. Im Muskel finden alle in diesem Skript beschriebenen Reaktionswege statt und die dabei entstandene chemische Energie wird wieder in Bewegungsenergie umgesetzt. Da der Muskel auch Thema der Anatomie und Physiologie ist, konzentrieren wir uns hier nur auf die Schwerpunkte der Biochemie:
- den Muskelstoffwechsel und
- spezielle Aspekte des Muskelaufbaus.

5.1 Muskelstoffwechsel

Die Hauptaufgabe des Muskels ist die Kontraktion, einmal zur Stützung des Knochenskeletts sowie zur Fortbewegung. Um dieser wichtigen Aufgabe gerecht zu werden, gibt es im Muskelstoffwechsel ein paar Besonderheiten. Der Muskel kann unter Umständen riesige Mengen von Energie brauchen und muss, um seine Funktion aufrechtzuerhalten, unwichtige Substrate schnell wieder loswerden können. Wie das funktioniert, wird in diesem Kapitel besprochen.

5.1.1 Energiestoffwechsel

Die Hauptaufgabe des Muskels ist die Kontraktion und die zuständige direkte Energiequelle dafür die ATP-Spaltung. Der ATP-Vorrat im Muskel würde jedoch gerade mal für zwei Sekunden reichen. Da der Mensch aber stundenlange Märsche zurücklegen kann, muss es noch andere Energiequellen geben. Welche das sind und wie sie funktionieren, damit beschäftigt sich der Energiestoffwechsel.

Grundsätzlich hat jede Muskelzelle zwei verschiedene Möglichkeiten, ATP für die Kontraktion selbst zu synthetisieren: Je nach O_2-Bedingungen verläuft die ATP-Bildung anaerob oder aerob.

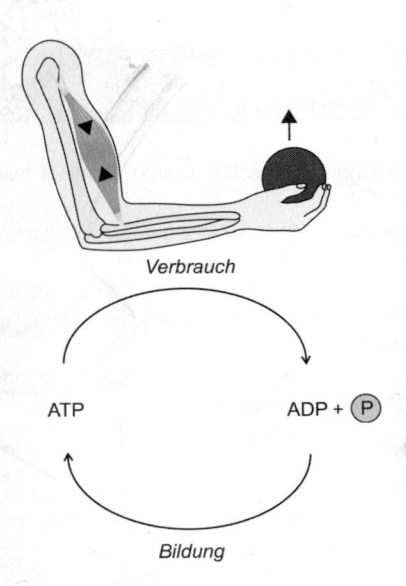

Abb. 68: ATP Verbrauch bei Kontraktion

Anaerobe Möglichkeiten der ATP-Bildung

Unter anaeroben Bedingungen hat der Muskel drei verschiedene Möglichkeiten der ATP-Synthese:
  aus Kreatin-Phosphat,
  durch anaerobe Glykolyse und
  über die Adenylat-Kinase.

Kreatin-Phosphat. Die Kreatinkinase katalysiert die Reaktion:

Kreatin-Phosphat + ADP ↔ Kreatin + ATP

Die Phosphatgruppe wird also von Kreatin-Phosphat auf ADP übertragen, wobei ATP entsteht. Diese Reaktion findet in der Kontraktionsphase statt. Während der Erholungsphase werden die Kreatin-Phosphat-Speicher wieder aufgefüllt. Die Reaktion ist also reversibel und eine Gleichgewichtsreaktion, wobei das Gleichgewicht auf der Seite der ATP-Bildung liegt.

MERKE:
Die Kreatinkinase katalysiert die ATP-Synthese aus Kreatin-Phosphat und ADP. Diese Reaktion ist reversibel.

Doch wer ist dieses Kreatin überhaupt? Eine Frage, die im schriftlichen Physikum immer mal wieder gerne auftaucht...

Kreatin ist ein kleines Molekül, das in der Leber synthetisiert wird. Nach seinem Transport im Blut zur Muskulatur und seiner Aufnahme durch die Muskelzellen wird dort in der Kreatinkinasereaktion Kreatin-Phosphat gebildet und steht zur ATP Synthese zur Verfügung. In einer spontanen Reaktion (= Lactambildung) wird es in den Muskelzellen zu Kreatinin umgewandelt und schließlich über die Niere ausgeschieden. Denn aus Kreatinin kann kein Kreatin mehr gebildet werden und damit ist diese Substanz für den Muskel unbrauchbar.

MERKE:
- Kreatin wird in der Leber synthetisiert.
- Kreatin wird als Kreatinin über den Urin ausgeschieden.

Übrigens...
- Der Kreatinin-Wert im Blut hat hohe klinische Relevanz. Er ist wichtig zur Bestimmung der Kreatinin-Clearance, die eine enorme Bedeutung zur Einschätzung der Leistungsfähigkeit der Niere hat.
- Im schriftlichen Physikum nicht aufs Glatteis führen lassen: Kreatin – **nicht Kreatinin** - wird **phosphoryliert zu Kreatinphosphat, Kreatinin** wird über die Niere ausgeschieden

Anaerobe Glykolyse. Die anaerobe Glykolyse ist die wichtigste Möglichkeit der anaeroben ATP-Herstellung. Dabei werden 2 ATP und 1 NADH+H$^+$ gebildet. Wegen des O$_2$-Mangels kann das Reduktionsäquivalent NADH+H$^+$ jedoch nicht in der Atmungskette reduziert werden und häuft sich daher an. Ein NADH+H$^+$-Überschuss führt jedoch zur Hemmung der Glykolyse. Damit würde die ATP-Synthese zum Erliegen kommen, wenn nicht NADH+H$^+$ mit Pyruvat zu NAD$^+$ und **Lactat** oxidiert würde. Und genau dies geschieht:

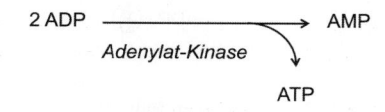

Adenylat-Kinase. Die Adenylat-Kinase-Reaktion besticht durch ihre Einfachheit. Alles, was diese Enzym tut, ist Phosphorsäurereste umzuverteilen. Wo vorher 2 mal 2 Phosphorsäurereste waren, sind nachher 1 mal 3 Phosphorsäurereste und 1 mal 1 Phosphorsäurerest. Anders ausgedrückt: 2 ADP reagieren mit Hilfe der Adenylat-Kinase zu einem ATP und einem AMP.

2 ADP → AMP
Adenylat-Kinase
→ ATP

Abb. 70: Adenylat-Kinase Reaktion

Aerobe ATP Gewinnung
Bei der aeroben Glykolyse läuft die Energiegewinnung über die Stoffwechselwege Glykolyse, β-Oxidation, Citratcyclus und Atmungskette. Der O$_2$-Bedarf wird neben der O$_2$-Zufuhr über das Blut vom intrazellulären Speicher Myoglobin gedeckt.

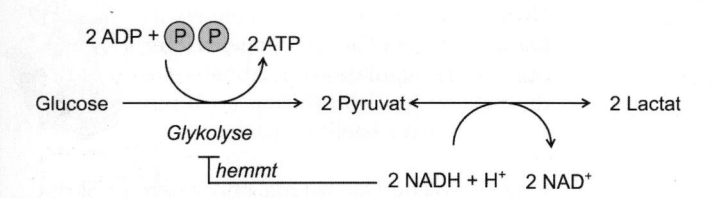

Abb. 69: anaerobe Glykolyse

Muskel

Abb. 71: aerobe ATP Gewinnung im Muskel

Eine Besonderheit hat der Muskel in seinem Kohlenhydratstoffwechsel noch. Er hat die Fähigkeit Glykogen zu bilden und auf diese Weise Energie in Form von Kohlenhydraten zu speichern. Dieser Speicher wird dann in der Kontraktionsphase abgebaut. Deswegen kommt jetzt noch ein kleiner Exkurs:

Exkurs: Glykogen im Muskel.

MERKE:
- Glykogen ist die Speicherform von Glucose.
- Diese Speicherform findet sich in Leber, Niere und Muskel.

Zur Energiegewinnung wird Glykogen über die Glykogen-Phosphorylase zu Glucose-1-P abgebaut. An dieser Stelle wird der Abbau reguliert. Anschließend erfolgt die Umlagerung zu Glucose-6-P, das dann in die Glykolyse einfließt.

> **Übrigens...**
> Im Gegensatz zu Leber und Niere besitzt der **Muskel KEINE Glucose-6-Phosphatase**, kann somit auch aus Glucose-6-P keine freie Glucose bilden und ist daher auch nicht in der Lage der Anhebung des Blutzuckerspiegels zu dienen. Daher kann **Glukagon** den **Glykogenabbau** im Muskel **NICHT** stimulieren.

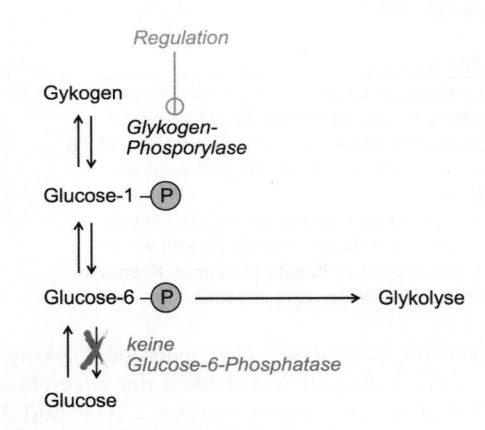

Abb. 72: Glykogenabbau im Muskel

MERKE:
- Die Muskelzelle verfügt nicht über Glucose-6-Phosphatase und kann somit nicht zur Anhebung des Blutzuckerspiegels beitragen. Es entsteht KEINE freie Glucose.
- Der Muskel speichert Glykogen nur zu seiner eigenen Versorgung.

Jetzt kommt mit der Regulation des Glykogenabbaus im Muskel ein etwas komplizierteres Thema. Wir gehen hier nur auf die Regulation des Abbaus ein, da bis jetzt im Schriftlichen auch nur hierzu Fragen gestellt wurden.

Eine komplette Darstellung findet sich im Skript Biochemie 3. Bis auf das Fehlen der Glucose-6-Phosphatase verläuft der Abbau im Muskel genauso wie in der Leber und den Nieren:

1 Glykogen wird durch die Phosphorylase zu Glucose-1-P abgebaut. An dieser Phosphorylase findet die Regulierung statt.
2 Diese Phosphorylase ist phosphoryliert aktiv (= mit einem übertragenem Phosphatrest). Der Phosphatrest wird durch die Phosphorylase-Kinase übertragen. AMP kann die dephosphorylierte Phosphorylase allosterisch aktivieren und bewirkt somit auch eine Stimulierung der Glykogenolyse.
3 Auch die Phosphorylase-Kinase ist phosphoryliert aktiv.
4 Die Aktivierung der Phosphorylase-Kinase findet mit Ca^{2+}, Calmodulin und
5 durch cAMP-abhängige Phosphorylierung statt.

MERKE:
Zum Glykogenabbau führen:
- cAMP-abhängige Phosphorylierung (über Aktivierung einer Proteinkinase)
- Ca^{2+} und Calmodulin (über Aktivierung der Phosphorylase-Kinase)
- AMP (über allosterische Aktivierung der Glykogenphosphorylase)

5.1.2 Cori-Zyklus

Der Cori-Zyklus ist so eine Art Recycling-Vorgang für das Lactat, das bei der anaeroben Glykolyse im Muskel entsteht. Dieses Lactat ist nämlich viel zu wertvoll = zu energiehaltig, um ausgeschieden zu werden. Daher hat die Muskulatur mit der Leber einen Recycling-Deal ausgehandelt: Sie gibt die für sie wertlose Altware Lactat an die Leber ab, die daraus die allgemein begehrte Neuware Glucose synthetisiert. Die einzelnen Schritte dieses Recycling sind:
1 Bei anaerober Glykolyse wird im Muskel Lactat synthetisiert und
2 an das Blut abgegeben.
3 Die Leber nimmt dieses Lactat auf und führt es der Gluconeogenese zu, wodurch Glucose entsteht.
4 Die Leber gibt die Glucose wieder an das Blut ab.
5 Der Muskel und andere Organe nehmen bei Bedarf die Glucose auf.

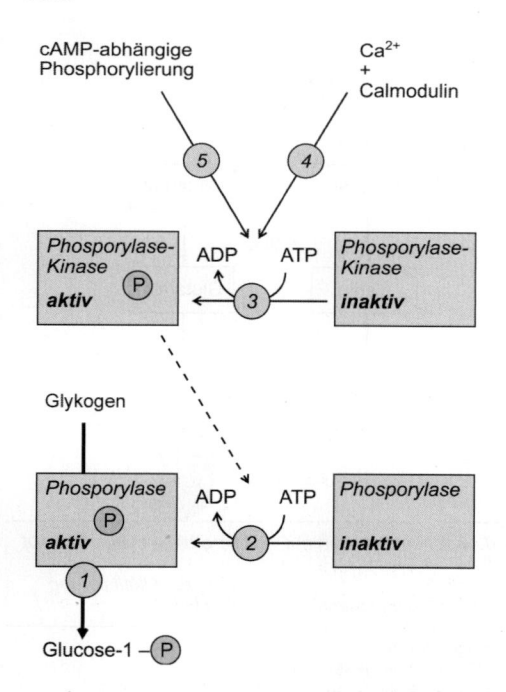

Abb. 73: Regulation des Glykogenabbaus im Muskel

Muskel

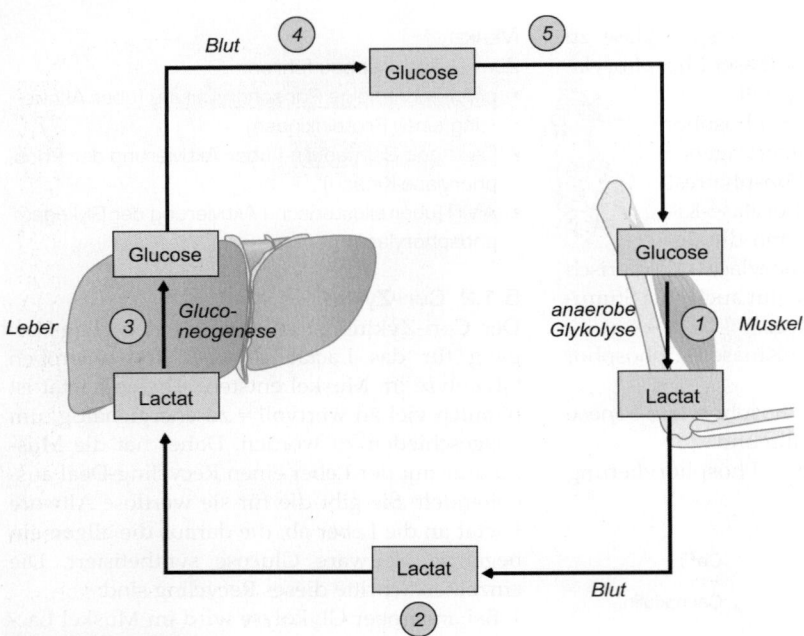

Abb. 74: Cori-Zyklus

> **Übrigens...**
> Das Herz ist ein Allesfresser. Bei körperlicher Anstrengung wird das vom Muskel **abgegebene Lactat** auch insbesondere vom **Myokard im oxidativen Stoffwechsel verwertet**.

5.1.3 Alanin-Zyklus

Bei der Energiegewinnung für die Muskelkontraktion bleiben auch die Aminosäuren nicht unverschont. Auch ihre Kohlenstoffgerüste werden abgebaut. Dabei bleiben die NH_3-Gruppen der Aminosäuren übrig und werden meist auf Pyruvat oder Glutamat übertragen:

- Die Transaminierung von Pyruvat führt zu Alanin. Dieses wird über das Blut zur Leber transportiert und von ihr aufgenommen. In der Leber wird das Kohlenstoffgerüst des Alanins zur Gluconeogenese genutzt und das NH_3 über den Harnstoffcyclus entgiftet.
- Die Aminierung von Glutamat führt zu Glutamin. Bei dieser Reaktion wird ATP verbraucht. Glutamin wird über das Blut zu den Nieren transportiert und von ihnen aufgenommen. Auch hier wird NH_3 abgespalten und dient dann der Alkalisierung des Urins.

Leber nimmt Alanin auf	Niere nimmt Glutamin auf
• NH_3 für Harnstoffsynthese • Pyruvat für Gluconeogenese	• NH_3 zur Alkalisierung des Urins

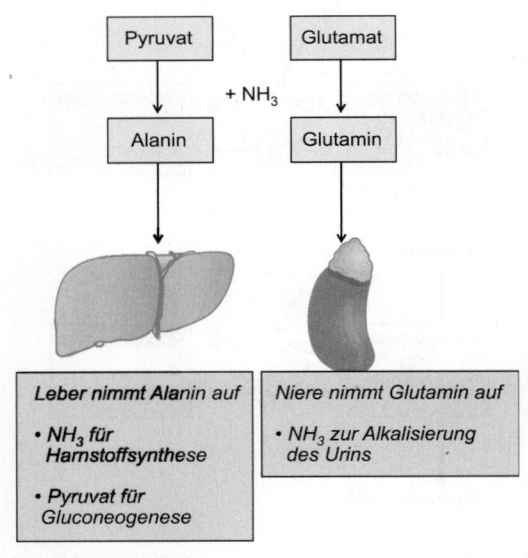

Abb. 75: Alanin-Zyklus

MERKE:
Der Aminostickstoff, der beim Aminosäureabbau anfällt, wird hauptsächlich in Form von Alanin und Glutamin im Blutplasma transportiert:
- Alanin wird hauptsächlich von der Leber aufgenommen,
- Glutamin geht vorwiegend zur Niere.

5.2 Spezielle Aspekte des Muskelaufbaus

Muskelgewebe hat wie jedes Gewebe seine ganz speziellen, besonderen Eigenschaften, von denen einige im Physikum gerne gefragt werden.

5.2.1 Aufbau des Myoglobins

Der Muskel unterliegt ganz besonderen Anforderungen. Er muss unter Umständen über lange Zeit arbeiten. Um solchen Anforderungen stand zu halten, hat der Muskel seine eigene Sauerstoffreserve: das Myoglobin. Myoglobin gehört zu den Hämproteinen.

> **Übrigens...**
> Ein Hämprotein ist ein zusammengesetztes Molekül aus Häm und Proteinrest. Dazu gehören neben dem Myoglobin auch das Hämoglobin und die aus der Atmungskette bekannten Cytochrome (s. S. 10).

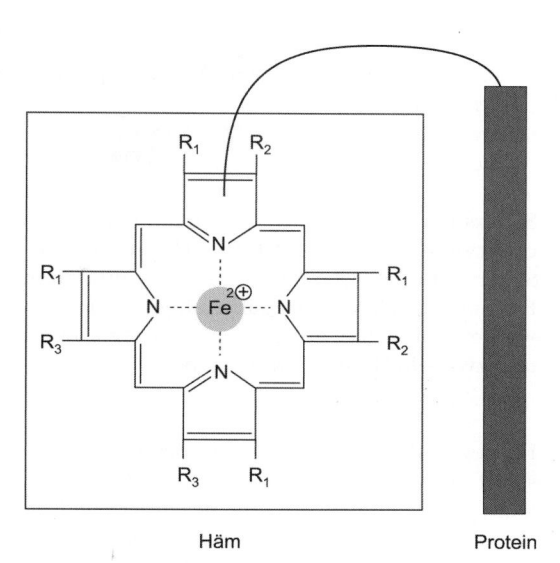

Myoglobin hat nur eine Proteinkette, verbunden mit einem Häm, also insgesamt nur eine Häm-Gruppe.

Abb. 76: Myoglobin

Vergleich Myoglobin/Hämoglobin

Besonders die Unterschiede zwischen Hämoglobin und Myoglobin sind fürs Physikum relevant. Die wichtigsten sind
- die Quartärstruktur ihrer kovalent gebundenen Proteine und
- ihre Sauerstoffaffinität.

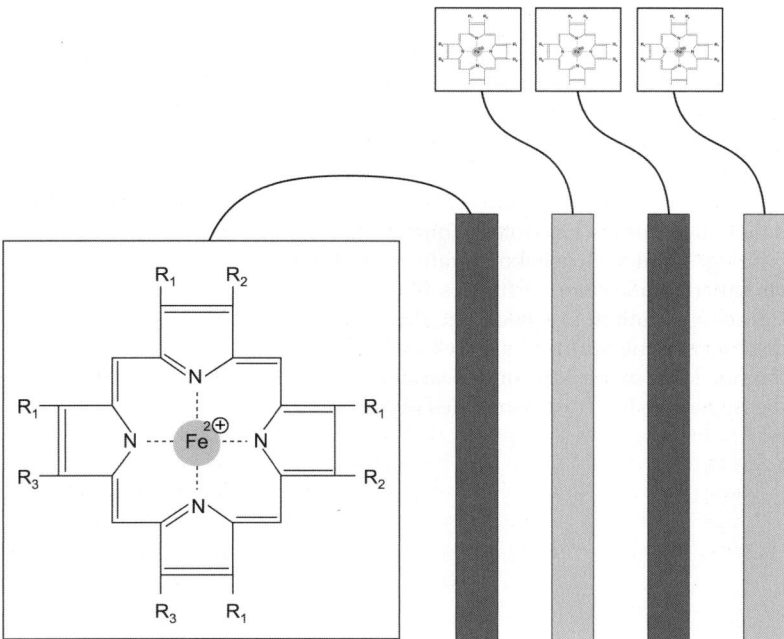

Hämoglobin hat vier Proteinketten, verbunden mit jeweils einem Häm, also insgesamt vier Häm-Gruppen.

Abb. 77: Hämoglobin

www.medi-learn.de

MERKE:
- Hämoglobin und Myoglobin besitzen das gleiche Porphyrinsystem (= Häm).
- Hämoglobin und Myoglobin haben unterschiedliche Quartärstrukturen.

Sauerstoffaffinität. Häm ist nicht nur ein Redoxcoenzym (s. 1.3, S. 10) sondern auch ein wichtiger Sauerstofftransporter. Das zentrale **zweiwertige** Eisenion im Häm kann dabei ohne oxidiert zu werden Sauerstoff anlagern (= Oxygenierung), und zwar ein O_2 pro Häm-Gruppe.

Hämoglobin hat vier Häm-Gruppen und bindet somit maximal vier O_2-Moleküle. Beim Hämoglobin gibt es daher noch eine Besonderheit: Das „kooperative Bindungsverhalten". Dies bedeutet, dass mit jedem aufgenommenen O_2 die folgende O_2-Aufnahme leichter fällt. Daraus resultiert die sigmoidale Bindungskurve.

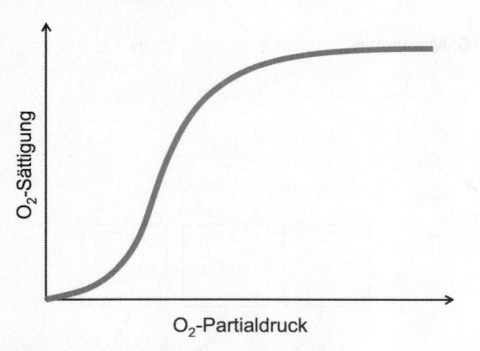

Abb. 78: Hämoglobin O_2-Bindungskurve

Myoglobin hat nur eine Häm-Gruppe und kann daher auch nur ein O_2-Molekül binden. Myoglobin zeigt somit auch kein kooperatives Bindungsverhalten. Außerdem verfügt es über eine sehr starke O_2-Affinität. Das bedeutet, dass schon bei niedrigem Sauerstoffpartialdruck viele Myoglobinmoleküle oxygeniert sind. Daraus resultiert die hyperbole Bindungskurve des Myoglobins.

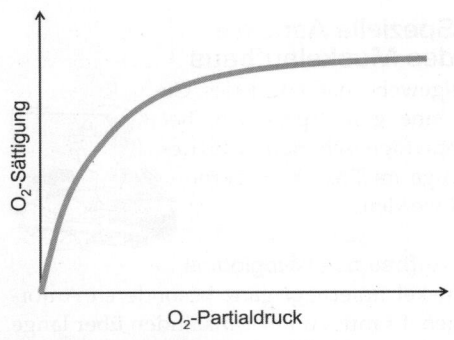

Abb. 79: Myoglobin O_2-Bindungskurve

MERKE:
- Myoglobin hat eine höhere Sauerstoffaffinität als Hämoglobin.
- Die Sauerstoffsättigungskurve des Myoglobin ist hyperbolisch.
- Hämoglobin zeigt eine kooperative Sauerstoffbindung.

5.2.2 Muskelfasertypen

Es gibt verschiedene Arten von Bewegungen. Wenn man z.B. einen Marathonläufer mit einem Sprinter vergleicht, stellen die beiden ganz verschiedene Anforderungen an ihre Beinmuskulatur. Der Marathonläufer kann sich langsam in seine Bewegung einlaufen und braucht keine schnellen Starts. Allerdings darf seine Muskulatur nicht so schnell ermüden, denn selbst die Weltspitze braucht 2 1/2 h für diese Distanz.

Wenn der Sprinter warten müsste, bis sich seine Muskulatur auf Laufen eingestellt hat, wäre die Konkurrenz wahrscheinlich schon am Ziel.

Entsprechend dieser unterschiedlichen Anforderungen an die Bewegung haben wir zwei Muskelfasertypen:

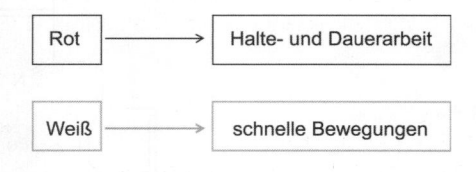

| Rot | → | Halte- und Dauerarbeit |
| Weiß | → | schnelle Bewegungen |

Abb. 80: Muskelfasertypen

Ein Marathonläufer wird also mehr rote Muskelfasern, ein Sprinter mehr weiße haben. Im Folgenden werden deren Besonderheiten genauer besprochen.

Spezielle Aspekte des Muskelaufbaus | 59

rote Muskelfasern (= Marathonmuskel)
Rote Muskelfasern arbeiten langsam, dafür aber ausdauernd: Zur Energiegewinnung nutzen sie die β-Oxidation, die aerobe Glykolyse, den Citratcyclus und die Atmungskette. Der Muskel des Marathonläufers ist damit ein Allesfresser. Er hat die nötige Zeit, die nährstoffabbauenden Stoffwechselwege anzuwerfen. Seine Muskelfasern enthalten zu diesem Zweck viele Mitochondrien, da der größte Teil der Energiegewinnung ja über Fettsäureoxidation und die Atmungskette läuft, mit entsprechend hoher Citratsynthase-Aktivität und viel Myoglobin.

	rot:	weiß:
Kontraktion	langsam	schnell
Stoffwechseltyp	aerob	anaerob
Mitochondrien	viel	wenig
Myoglobin	viel	wenig
Glykogen	wenig	viel

Tabelle 7: Vergleich rot-weiße Muskelfasern

MERKE:
Rote Muskelfasern
- haben eine geringe Kontraktions- und Erschlaffungsgeschwindigkeit.
- beziehen einen Großteil ihrer Energie aus dem Citratcyclus.
- können Fette verbrennen (=β-Oxidation).
- besitzen
  - viele Mitochondrien (= Citratsynthase-Aktivität ist hoch).
  - viel Myoglobin (viel O_2).

weiße Muskelfasern (= Sprintermuskel)
Weiße Muskelfasern arbeiten schnell, dafür aber nicht so lange. Der Sprinter möchte schnell zu seinem nicht weit entfernten Ziel. Die Geschwindigkeit der Kontraktion ist hoch, dem Muskel bleibt für langwierige Prozeduren wie Citratcyclus, Atmungskette etc. keine Zeit. Daher wird die Energie vorwiegend anaerob, also mit Kreatin-Phosphat und anaerober Glykolyse erzeugt. Die Muskelfasern brauchen dazu nicht viele Mitochondrien und auch nicht viel Myoglobin (= der O_2-Bedarf ist ja gering) aber große Mengen von Glykogen, das in die anaerobe Glykolyse einfließt.

MERKE:
Weiße Muskelfasern
- erzeugen Energie vorwiegend anaerob.
- besitzen viel Glykogen.

Vergleich: rote ⇔ weiße Muskelfasern
Zum krönenden Abschluss noch mal eine Gegenüberstellung in Tabellenform für den Überblick:

DAS BRINGT PUNKTE

Zum Thema Muskel sollte man unbedingt wissen, dass
- Glykogen durch die Phosphorylase zu Glucose-1-P abgebaut wird.
- der Muskel keine Glucose-6-Phosphatase besitzt.
- ADP und Kreatin-Phosphat zu ATP und Kreatin reagieren, wobei letzteres als Kreatinin mit dem Urin ausgeschieden wird.
- sich die Quartärstruktur des Myoglobins von der des Hämoglobins unterscheidet (s. Gegenüberstellung S. 57).

BASICS MÜNDLICHE

Was unterscheidet das Glykogen im Muskel vom Glykogen in der Leber?
Der Muskel besitzt keine Glucose-6-Phosphatase und kann daher keine freie Glucose synthetisieren. Er ist somit nicht zur Anhebung des Blutzuckerspiegels fähig.

Der Muskel kann auf verschiedene Arten ATP herstellen. Welche sind das?
Es gibt anaerobe und aerobe Möglichkeiten zur ATP-Herstellung. Zu den anaeroben zählt die Kreatinki-

nasereaktion und die anaerobe Glykolyse. Für die aerobe ATP-Herstellung werden vor allem der Citratcyclus und die Atmungskette herangezogen.

Hämoglobin und Myoglobin haben entscheidende Unterschiede. Bitte nennen Sie mir die wichtigsten.
Hämoglobin und Myoglobin sind Hämproteine. Hämoglobin hat 4 Häm-Guppen, verknüpft mit Globinen, Myoglobin hat nur ein Häm und eine Globinkette. Daraus ergibt sich auch der zweite wichtige Unterschied in der Sauerstoffbindung: Die O_2-Affinität des Hämoglobins wächst mit jedem aufgenommenen O_2 (= Kooperativität). Die Sauerstoffbindungskurve ist somit sigmoidal. Myoglobin hat dagegen eine hyperbolische Sauerstoffbindungskurve.

Welche Arten von Muskelfasern kennen Sie? Beschreiben Sie bitte die Unterschiede.
Es gibt rote und weiße Muskelfasern. Unterschiede s. Tabelle 7, S. 59.

Eure Meinung ist gefragt

Unser Ziel ist es euch ein perfektes Skript zur Verfügung zu stellen. Wir haben uns sehr bemüht, alle Inhalte korrekt zu recherchieren und alle Fehler vor Drucklegung zu finden und zu beseitigen. Aber auch wir sind nur Menschen: Ganz sicher sind uns einige Dinge nicht aufgefallen. Um euch mit zukünftigen Auflagen ein weiter verbessertes Skript bieten zu können, bitten wir euch um eure Mithilfe.

Sagt uns, was euch aufgefallen ist, welche Stolpersteine wir übersehen haben oder welche Formulierungen unverständlich waren. Darüber hinaus freuen wir uns natürlich auch über positive Rückmeldungen aus der Leserschaft.

Eure Mithilfe ist für uns sehr wertvoll und wir möchten euer Engagement belohnen: Unter allen Rückmeldungen verlosen wir einmal im Semester Fachbücher im Wert von 250,- EUR. Die Gewinner werden auf der Webseite von MEDI-LEARN unter www.medi-learn.de bekannt gegeben.

Eure Rückmeldungen könnt ihr uns einfach per Post an MEDI-LEARN, Olbrichtweg 11, 24145 Kiel schicken oder die Rückmeldungen im Internet über ein spezielles Formular eintragen, das ihr unter der folgenden Internetadresse findet: www.medi-learn.de/rueckmeldungen

Vielen Dank
Euer MEDI-LEARN Team

Index

Symbole
α-Ketoglutarat 28, 33
α-Ketoglutaratdehydrogenase 33
β-Oxidation 38

A
Acetyl-CoA 16, 21, 27
Aconitase 28
Acyl-CoA 16
Adenylat-Kinase 52, 53
ADP-Translokase 46
Alanin-Zyklus 56
anaerobe Glykolyse 52 f.
anaplerotische Reaktionen 34
Atmungskette 38
- Aufbau 38
- Beeinflussung 47
- Energiebilanz 33, 44
- Entkopplung 47, 48
- Hemmung 47
- Regulation 44
ATP 37
ATP-Bildung 52
- aerobe 53
- anaerobe 52
ATP-Synthase 42
ATP-Translokase 46
ATP = Adenosintriphosphat 12

B
Barbiturate 48
Blausäure (= HCN) 48

C
Carnitin-Shuttle 16
Citrat 28, 33
Citrat-Shuttle 16
Citrat-Synthase 27, 33
Citratcyclus 26, 38
CoA 21
Coenzyme 4
- gruppenübertragende Coenzyme 5
- lösliche Coenzyme 4
- prosthetische Gruppen 5
- Redoxcoenzyme 5
Coenzym A 13
Cori-Zyklus 55
Cysteamin 13
Cytochrome 10
Cytochromoxidase 38, 41
Cytochrom b 41
Cytochrom c 40 ff.

D
Decarboxylierung 28
Dehydrierung 2, 28
Dinitrophenol 50

E
Eisen-Schwefel-Komplexe 11, 39 ff.
endergon 3, 13
exergon 3, 13

F
FAD 8, 21
$FADH_2$ 26, 31, 39, 47
FMN 8, 38
Fumarat 31

G
GABA 33
Gluconeogenese 56
Glucose-6-Phosphatase 54
Glutamat 33, 38
Glutamin 56
Glycerophosphat-Shuttle 16 f., 38
Glykogen 54
Glykogenolyse 55
Glykolyse 21, 38
- aerobe 53
- anaerobe 53
GTP 29

H
Häm 10
Häm-Synthese 33
Hämoglobin 57
Hämprotein 57
HCN 48
Hydrid-Ion 7

www.medi-learn.de

Hydrierung 2

I
Interkonvertierung 25
Isocitrat 28
Isocitratdehydrogenase 28, 33
Isomerisierung 28

K
Knallgasreaktion 37
Kohlendioxid 32
Kreatin-Phosphat 52
Kreatinin 53

L
Lactat 53, 55
Liponamid 21
Liponsäure (= Lipoat) 9

M
Malat 31
Malat-Shuttle 16
Malatdehydrogenase 31, 33
Mitochondrium 14, 21, 26
Multienzymkomplex 21
Muskelfasertypen 58
 - rot 58
 - weiß 58, 59
Muskelstoffwechsel 52
Myoglobin 57

N
NAD^+ 6, 21, 28, 31
$NADH+H^+$ 26, 38, 47, 53
NADH-Ubichinon-Reduktase 38
$NADP^+$ 6

O
Oxalacetat 16, 27, 31
Oxidation 2
oxidative Desaminierung 38
oxidative Decarboxylierung 9

P
P/O-Quotient 47
Pantethein 13
Panthothensäure 13
Phosphorylase 55
Phosphorylase-Kinase 55
Potentialdifferenz 42
prosthetische Gruppen 5
Protonengradienten 44
Pyruvat 9, 21, 56
Pyruvat-Carboxylasereaktion 34
Pyruvatdehydrogenasereaktion 21, 29, 38

R
Redoxpotential 3
Redoxreaktion 2
Reduktion 2
Reduktionsäquivalent 2

S
Säureanhydridbindung 12
Spannungsreihe 3
Substratkettenphosphorylierung 29
Succinat 27, 30, 39
Succinat-Ubichinon-Reduktase 38, 39
Succinatdehydrogenase 31, 33
Succinyl-CoA 29, 33

T
Thermogenin 50
Thiamindiphosphat 14, 21
Thioesterbindung 13, 29

U
Ubichinol 38, 42
Ubichinon 10, 38, 39
Ubichinon-Cytochrom-c-Reduktase 38, 40

Die Webseite für Medizinstudenten
www.medi-learn.de & junge Ärzte

Die MEDI-LEARN Foren sind der Treffpunkt für Medizinstudenten und junge Ärzte – pro Monat werden über 10.000 Beiträge von den rund 18.000 Nutzern geschrieben.

Mehr unter www.medi-learn.de/foren

Der breitgefächerte redaktionelle Bereich von MEDI-LEARN bietet unter anderem Informationen im Bereich „vor dem Studium", „Vorklinik", „Klinik" und „nach dem Studium". Besonders umfangreich ist der Bereich zum Examen.

Mehr unter www.medi-learn.de/campus

Einmal pro Woche digital und fünfmal im Jahr sogar in Printformat. Die MEDI-LEARN Zeitung ist „das" Informationsmedium für junge Ärzte und Medizinstudenten. Alle Ausgaben sind auch rückblickend online verfügbar.

Mehr unter www.medi-learn.de/mlz

Studienplatztauschbörse, Chat, Gewinnspielkompass, Auktionshaus oder Jobbörse – die interaktiven Dienste von MEDI-LEARN runden das Onlineangebot ab und stehen allesamt kostenlos zur Verfügung.

Mehr unter www.medi-learn.de

Jetzt neu - von Anfang an in guten Händen: Der MEDI-LEARN Club begleitet dich von der Bewerbung über das Studium bis zur Facharztprüfung. Exklusiv für dich bietet der Club zahlreiche Premiumleistungen.

Mehr unter www.medi-learn.de/club

www.medi-learn.de

Wenn Schummeln nicht deine Art ist...

MEDI-LEARN
Bahnhofstr. 26b
35037 Marburg
Tel: 06421/681668
info@medi-learn.de

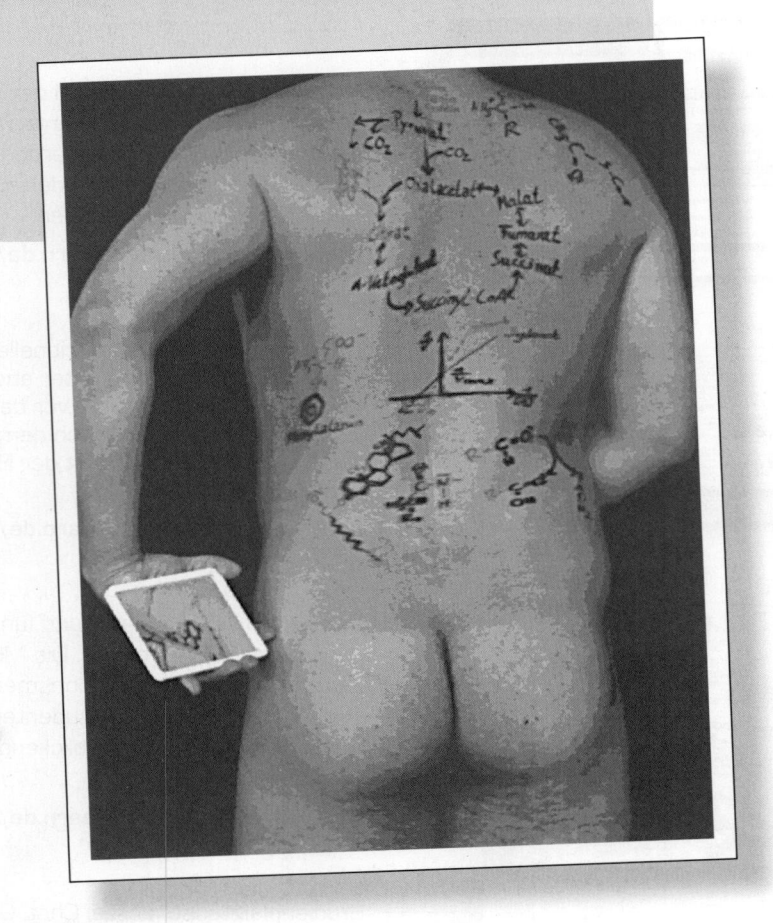

Unsere Kursangebote

Effektive Examensvorbereitung

- Kompaktkurse Physikum
- Intensivkurse Physikum
- Intensivkurse Hammerexamen

MEDI-LEARN®
Medizinische Repetitorien

Weitere Informationen und Anmeldung unter: www.medi-learn.de/kurse